ChatGPT/LangChainによる チャットシステム構築[実践]入門

吉田真吾、大嶋勇樹[著]

技術評論社

はじめに

この書籍は、ChatGPTとLangChainを使って、大規模言語モデル（LLM）を本番レベルのシステムに組み込むための知識を、ステップバイステップで手を動かしながら学習できる実践書です。

2022年、MidjourneyやChatGPTがリリースされ、いつかくると思っていたAIの民主化が突然やってきたと驚いた方が多いと思います。以前からAI／MLエンジニアとして活躍されてきた人はさておき、我々（吉田＆大嶋）のようなアプリケーション開発者にとって、AI/ML知識が必要なアプリケーションの開発に挑戦するハードルは高かったです。しかし、生成AIやその提供するAPIによって、AIを使ったアプリケーションを簡単に実装できるのではないかと実感したはずです。なにか生成AIを活用したプロダクトを作ってみようと思っている人も多いと思います。

また、生成AI関連の進化がとても速く、毎日のニュースも多いので、なにから手をつければよいかわからないと困っている人も多いと思います。

そんな初めて生成AIのプロジェクトに取り組むというときにまず試してもらいたいのが、OpenAI API（ChatGPTのAPI）と、LangChainというフレームワークです。これらをしっかり学ぶことで、基本的な大規模言語モデル（LLM）の性質を理解し、サービスや業務システムを構築することができます。また、今後のLLMの進化に対しても、しっかりと頭の中に知識体系や業界地図が思い浮かべられるようになります。

生成AIのように一見すると魔法のような技術を、科学的な手法の1つとしてとらえて、システムの一部ないし大部分として活用できるようになるための入口として、最適な一冊になることを狙って、本書を書いてみました。

なにかクールなLLMアプリをつくることは簡単だが、本番レベルのLLMアプリをつくることはとても難しい - Chip Huyen

本書ではOpenAI APIとLangChainを使ってシステムを構築します。実際に皆さんが本番システムを作る際には、より品質のよい翻訳性能や要約性能、設計の意図に沿った条件分岐、速い応答性能、テストや評価のしやすさ、セキュリティ対策など、たくさんの課題に直面することになると思います。実際にこれらの課題についても日進月歩でさまざまなニュースが飛び交っていますが、つくるアプリケーションの性質によって、重点的にケアしなければいけない課題が千差万別にあると思います。本書ではその一端が理解できるように、実際に構築して動かしてみて、できるかぎり多くの課題や現在アプリケーション開発者が生成AIをシステムに活用する際の共通課題についても明らかにして、解決のヒントとなる情報が提供できればと思います。

今後より一層システムへの活用が期待される生成AIについて、本書を通じて、皆さんが自信をもってチャレンジできるようになってもらえれば幸いです。一緒にがんばっていきましょう。

この書籍で学べること

この書籍では、前半でOpenAI API（Chat Completions API）やLangChainについて解説をします。OpenAIが従来の1/10のコストでGPT-3.5を扱えるgpt-3.5-turboをリリースして以降、このモデルを使って簡単なチャットボットや文書を要約・翻訳するアプリを使う記事がたくさんインターネット上に公開されました。ただし、本格的なシステムに組み込むためには、従来のプログラミングと同じように入力チェックや複数の関数を使ったソースコードの実装が必要になります。また、ChatGPTでは学習済みのデータから統計的に生成される結果を、もっと意図した専門知識を使って明確に答えてほしいなど、実用性を高める必要があります。こういう場合にLLMや周辺のエコシステムツールなどを抽象化して組み合わせて実現することができるのがLangChainです。

また、LangChainは単に複数のタスクを抽象化できるツールとして素晴らしいだけではありません。LLMを活用したアプリケーションをつくる際に直面するさまざまな課題に対して、論文などで提案される新しい手法を、積極的に実装として取り入れています。そのため、当初の自分のアプリケーション設計では達成できないような機能課題、非機能課題に直面したときに、参考になるかもしれないたくさんのアイデアの宝庫としてもつきあっていくことができます。

クラウドをフル活用する

本書では基本的にすべての実装をクラウド上で行っていきます。リポジトリもノートブックもIDEも実行環境もLLMもストレージもベクターストアも、すべてクラウドで提供される能力のみを活用します。そのため、手元の環境によってセットアップに四苦八苦することに時間を費やすことなく、すばやくリソースを調達し、すぐに実際に動くアプリケーションを手に入れることができます。

また、必要に応じてさらにスケールアップ・スケールアウトが可能な構成を目指します。少しの費用ですばやく実践するのに最適な構成を考えています。

- 本書でできること：
  - ・LLMを活用したアプリケーション開発者になれるでしょうか？ → 本書はその入口です。これを実践すれば、今後OpenAI以外のLLMを扱ったり、別のクラウドツールと組み合わせるときにも、なにをどんな理由で選定すればよいのか、そのコツが理解できるようになると思います。
  - ・ChatGPTを使った実践的なSlackアプリをつくりたい → 本書のコードでそれなりにケアしていますのでそのまま社内導入のベースにしていただけると思います。
  - ・社内の大量のドキュメントを検索するチャットシステムが欲しい → 本書のコードでそれなりに実際に利用する場面を想定して作っています。
- 本書で扱わないこと：
  - ・機械学習の専門知識や、生成AIのしくみなどは解説しません。それらを知りたい場合は別の専門書のほうが詳しいですので、そちらにあたってください。

対象読者

本書は対象読者として次のような方を想定しています。

- 大規模言語モデル（LLM）を活用したシステムを作ってみたいアプリケーション開発者
- 動くものを作りながら、大規模言語モデル（LLM）の知識体系や勘所を学び始めたいと考えている方
- 大規模言語モデル（LLM）アプリケーションの開発エキスパートを目指して、まず押さえておくべき技術を知っておきたい方

前提知識・前提条件

本書を読み進めるうえでは、いくつかの前提知識や前提条件があります。

Pythonでのプログラミング

まず、本書ではプログラミング言語としてPythonを使用します。Pythonについては実際に動くコードを書けることを前提知識としています。そのため、本書ではPythonの基本は解説しません。

ただし、Pythonに精通してなくても、なんらかのプログラミング言語を一般的に扱える程度に理解していれば問題ありません。本書では実装するコードを丁寧に1ステップずつ解説しますし、動作確認したコードも公開しているので、ご安心ください。

各種クラウドサービスへの登録

本書では、OpenAIのAPIやAWS、その他いくつかのクラウドサービスを使用します。そのため、本書の内容を実際に試すには、環境構築手順をもとにこれらをセットアップできる程度のITリテラシーが必要です。

本書で実装するアプリケーションは、できるだけ費用を抑えた構成やプランを利用するようにしています。しかし、多少の料金が発生する可能性があります。ご自身の勉強用に数百円〜数千円程度の利用料金を支払うことに理解のある方を前提としています。なお、本書で使用するサービスの一部では、支払いのためにクレジットカードの登録が必要です。

本書の構成

本書では、実際に動作してすぐに利用できるアプリケーションをプログラミングすることを前提としています。ある程度の開発者としての経験をお持ちの方を想定していますが、ソースコードはすべて記載し、GitHubに掲載していますので、手順を踏めば動作するアプリケーションが構築可能です。

最終的に特定のドキュメントを検索して回答するチャットシステムの構築に向けて、第2

章から重要な部分をこまめに手を動かして実践していきます。

各章では最終的に構築されるアプリケーションでは使わない知識などは、できるかぎりコラムに収録し、テンポよく読み進められるようにしてあります。

使用しているソフトウェアのバージョン

本書のコードは以下のバージョンで動作確認しています。

- Python：3.10
- LangChain：0.0.292

その他、本書の執筆にあたって動作確認したパッケージのバージョンについては、GitHubで公開しているrequrements.txtを参照してください。

実際にアプリケーションを開発するときは、依存関係はできるだけ新しいバージョンを使いたいことが多いはずです。ただし、本書ではソースコードの動作を確実にするため、本文中で各種パッケージをインストールする箇所で、明示的にバージョンを指定しています。それでもバージョンの違いによってうまく動作しない場合は各自で原因を調査していただくか、上記のrequrements.txtに記載されているバージョンを使うようにしてください。

本書のプログラムコードについて

本書に掲載したプログラムはGitHubの以下のリポジトリで公開しています。

https://github.com/yoshidashingo/langchain-book

第3章〜第5章のソースコードは、上記のリポジトリからGoogle Colabを開くことができます。

第6章〜第8章のソースコードも、上記のリポジトリから参照できます。

フィードバックのお願い

上記のGitHubにソースコードを公開していますので、改善事項などがあればIssueやプルリクエストをもらえると幸いです。

謝辞

LLMで世界がまったく変わろうというこの大きなタイミングでこの本を執筆させてくれた編集の細谷謙吾さん、ありがとうございます。また、執筆を通じてお世話になった以下の皆さまにも心から感謝しています。

LLMでアプリを作るぞと決めて参加した大嶋さんのLangChainの勉強会からわたしのLangChainの勉強が始まったのですが、いまやこうして一緒に執筆できました。日々一緒に執筆する中でもとても勉強になりました。

第7章のSlackアプリは、瀬良和弘さんの的確かつ細かい指摘によって、より具体的でわかりやすい解説内容になりました。
本番リリースに向けての章では、江頭貴史さんの視点からのレビューによって、より実践的な内容になりました。

レビューや感想を送ってくれたChatGPT Community (JP)、Serverless Community (JP)コミュニティの貢献によってたくさんの人のもとにこの本を届けることができそうです。これからも、LangChainやLLMのたくさんのコミュニティから日々刺激を受けながら、わたし自身もLLMで世界を変えるために貢献し続けていきます。

編集制作をご担当いただいたトップスタジオさんのすばやく献身的な作業により、変化の速い生成AI関連書籍を、執筆から出版までタイムラグ少なく届けることができました。

吉田 真吾

まずは本書を一緒に書かないかとお声がけくださり、最後まで一緒に書き上げてくださった吉田真吾さんに心より感謝申し上げます。吉田さんに執筆いただいた箇所や、執筆中に相談させていただいた内容は、私にもたいへん勉強になりました。ありがとうございました。

本書はテーマの都合上非常に短期間での執筆でした。この慌ただしい執筆を支えてくださった編集の細谷謙吾さんにも感謝申し上げます。

本書に共著としてお声がけいただいたきっかけは、私が4月に開催した勉強会「プロンプトエンジニアリングから始めるLangChain入門」でした。この勉強会を主催したコミュニティ「StudyCo」は、友人と何年も継続している勉強会がもとになっています。StudyCoの運営のみなさま、勉強会に参加してくださるみなさまに感謝申し上げます。とくに吉田拓さん、江﨑崇浩さんには、レビューにもご協力いただきました。前提知識がないと分かりにくい点などをいくつもご指摘いただき、私自身気付かされることも多かったです。ありがとうございました。

LangChainを使用している方からの視点として、大御堂裕さん、棟方英悟さんにもレビューにご協力いただきました。説明の仕方や記述内容の細かい誤りまでご指摘、ご助言いただき、本書での解説の質を大いに高めることができました。ありがとうございました。

大嶋 勇樹

著者略歴

吉田真吾

株式会社サイダス 取締役CTO / 株式会社セクションナイン 代表取締役CEO。ChatGPT Community(JP)主催。HCM Suite「CYDAS PEOPLE」の開発・運用。サーバーレステクノロジーのコミュニティ主催を通じて、日本におけるサーバーレスの普及を促進。「AWSによるサーバーレスアーキテクチャ」(翔泳社) 監修、「サーバーレスシングルページアプリケーション」(オライリー) 監訳、「AWSエキスパート養成読本」(技術評論社) 共著。

大嶋勇樹

ソフトウェアエンジニア。IT企業からフリーランスエンジニアを経て会社を設立。現在は実務に就き始めたエンジニアのスキルアップをテーマに、勉強会の開催や教材作成の活動を実施。オンラインコースUdemyではベストセラー講座多数。AWSやDocker/Kubernetes、サーバーレス技術などを扱う「野生」のクラウドネイティブ人材。最近はLangChain芸人。勉強会コミュニティStudyCo運営。

目次

はじめに ... iii
この書籍で学べること ... iv
対象読者 ... v
前提知識・前提条件 ... vi
本書の構成 ... vi
謝辞 ... viii
著者略歴 ... ix

第1章 大規模言語モデル（LLM）を使ったアプリケーションを開発したい！ 1

1.1 ChatGPTにふれてみよう ... 2
1.2 プロンプトの工夫でできること ... 3
日々の仕事で使ってみよう ... 3
1.3 プログラミングで使ってみよう ... 8
1.4 ChatGPTを使うときに気をつけること ... 10
1.5 ChatGPTの有料プランでできること ... 12
GPT-4 ... 13
Plugins ... 13
Advanced Data Analysis ... 14
OpenAIのChatGPT以外のサービス ... 16
1.6 大規模言語モデル（LLM）のビジネスへの活用 ... 17
1.7 LLMを活用したビジネスやアプリケーションの事例紹介 ... 18
株式会社サイダスの事例：CYDAS PEOPLE Copilot Chat ... 18
PingCAP株式会社の事例：Chat2Query ... 19
Alexaスキルの事例（個人開発）：helloGPT ... 19
株式会社ソラコムの事例：SORACOM Harvest Data Intelligence ... 20
1.8 LLMを使ったアプリケーション開発で気をつけること ... 21
1.9 本書で扱う技術について ... 22
LangChain ... 22
クラウドサービス（とくにサーバーレス） ... 23
Slackアプリでコラボレーションを促進しよう ... 24
まとめ ... 24

第2章 プロンプトエンジニアリング 25

2.1 なぜいきなりプロンプトエンジニアリング? 26
ChatGPTのプロンプトエンジニアリング 26
アプリケーション開発におけるプロンプトエンジニアリング 26
プロンプトエンジニアリングってあやしくない? 27
COLUMN ファインチューニングとプロンプトエンジニアリング 28
2.2 プロンプトエンジニアリングとは 28
2.3 プロンプトの構成要素の基本 30
題材:レシピ生成AIアプリ 30
プロンプトのテンプレート化 31
命令と入力データの分離 32
文脈を与える 32
出力形式を指定する 33
プロンプトの構成要素のまとめ 34
2.4 Prompt Engineering Guideから:ChatGPTの無限の可能性を引き出す 35
Zero-shotプロンプティング 35
Few-shotプロンプティング 36
Zero-shot Chain of Thoughtプロンプティング 37
まとめ 38

第3章 ChatGPTをAPIから利用するために 39

3.1 OpenAIの文書生成モデル 40
ChatGPTにおける「モデル」 40
OpenAIのAPIで使える文書生成モデル 41
モデルのスナップショット 42
3.2 ChatGPTのAPIの基本 42
Chat Completions API 43
Chat Completions APIの料金 44
発生した料金の確認 45
3.3 入出力の長さの制限や課金に影響する「トークン」 46
トークン 46
Tokenizerとtiktokenの紹介 47
日本語のトークン数について 48
3.4 Chat Completions APIにふれる環境の準備 49
Google Colabとは 49
Google Colabのノートブック作成 49
OpenAIのAPIキーの準備 51
3.5 Chat Completions APIをさわってみる 55

OpenAIのライブラリ......55
Chat Completions APIの呼び出し......55
会話履歴を踏まえた応答を得る......56
ストリーミングで応答を得る......57
基本的なパラメータ......58
COLUMN Completions API......59

3.6 Function calling......60
Function callingの概要......60
Function callingのサンプルコード......61
パラメータ「function_call」......65
Function callingを応用したJSONの生成......65
まとめ......67

第4章 LangChainの基礎 69

4.1 LangChainの概要......70
LangChainのユースケース......70
なぜLangChainを学ぶのか......71
LangChainのモジュール......71
LangChainのインストール......73
COLUMN langchain_experimental......74

4.2 Language models......74
LLMs......74
Chat models......75
Callbackを使ったストリーミング......76
Language modelsのまとめ......77

4.3 Prompts......78
PromptTemplate......78
ChatPromptTemplate......79
Example selectors......80
Promptsのまとめ......80

4.4 Output parsers......81
Output parsersの概要......81
PydanticOutputParserを使ったPythonオブジェクトの取得......82
Output parsersのまとめ......85

4.5 Chains......86
LLMChain—PromptTemplate・Language model・OutputParserをつなぐ......86
SimpleSequentialChain—ChainとChainをつなぐ......88
Chainsのまとめ......90
COLUMN Chainの内部の動きを確認するには......91

4.6 Memory 92
ConversationBufferMemory 92
さらに便利なMemory 93
Memoryの保存先 94
Memoryのまとめ 94
COLUMN Chat modelsでMemoryを使う場合の注意 95

第5章 LangChainの活用 97

5.1 Data connection 98
RAG (Retrieval Augmented Generation) 98
Data connectionの概要 100
Document loaders 101
Document transformers 102
Text embedding models 103
Vector stores 104
Retrievers 104
RetrievalQA (Chain) 106
Data connectionのまとめ 107
COLUMN RetrievalQAにおけるchain_type 108

5.2 Agents 110
Agentsの概要 110
Agentsの使用例 110
Agentsの仕組み―ReActという考え方 112
Tools 115
Toolkits 116
Function callingを使うOpenAI Functions Agent 117
一度に複数ツールを使うOpenAI Multi Functions Agent 118
Agentsのまとめ 121
COLUMN Function callingを応用したOurputParser・Extraction・Tagging 121
まとめ 122
COLUMN Evaluation 123

第6章 外部検索、履歴を踏まえた応答をするWebアプリの実装 125

6.1 第6章で実装するアプリケーション 126
実装するアプリケーションの構成 126
本書での開発の仕方 127
AWS Cloud9の概要 127
Streamlitの概要 128

完成版のソースコード 128

6.2 Cloud9を起動して開発環境を構築する 130

Cloud9環境を作成する 130

GitHubリポジトリを作成する 130

Cloud9とGitHubの連携 133

Python環境を構築する 133

6.3 StreamlitのHello World 134

6.4 ユーザーの入力を受け付ける 136

6.5 入力内容と応答を画面に表示する 138

6.6 会話履歴を表示する 139

6.7 LangChainを使ってOpenAIのChat Completions APIを実行する 141

6.8 Agentを使って必要に応じて外部情報を検索させる 143

6.9 チャットの会話履歴をふまえて応答する 145

6.10 Streamlit Community Cloudにデプロイする 147

依存パッケージの一覧を作成 147

ソースコードをGitHubにアップロードする 148

Streamlit Community Cloudにデプロイする 149

他のユーザーを招待する 152

まとめ 153

第7章 ストリーム形式で履歴を踏まえた応答をするSlackアプリの実装 155

7.1 なぜSlackアプリを作るのか 156

どんな構成にするの？ 156

開発環境 157

GitHubリポジトリのファイル構成 157

7.2 環境準備 161

7.3 環境設定ファイルを作成する 161

7.4 Slackアプリを新規作成する 162

7.5 ソケットモードを有効化する 168

7.6 アプリケーションを作成する 170

7.7 イベントを設定する 171

7.8 アクションを送信して応答する 172

7.9 スレッド内で返信する 173

7.10 OpenAI APIを呼び出す 174

7.11 ストリーミングで応答する 175

7.12 会話履歴を保持する 177

Momento Cache とは？ 178
7.13 Lazyリスナーでslackのリトライ前に単純応答を返す 180
7.14 AWS Lambdaで起動されるハンドラー関数を作成する 181
7.15 chat.update API制限を回避する 183
7.16 Slack投稿をリッチにする 184
7.17 デプロイする 186
7.18 Socket ModeからAWS Lambdaに切り替える 188
まとめ 190

第8章 社内文書に答えるSlackアプリの実装 191

8.1 独自の知識をChatGPTに答えさせる 192
ファインチューニングとRAG（Retrieval Augmented Generation） 192
RAGワークフロー 192
回答文の生成にLLMが必要か 193
業務を圧迫する「何かを探している時間」 193
社内データを整備する 193
8.2 埋め込み表現（embeddings）とは 194
8.3 実装するアプリケーションの概要 195
完成版のソースコード 195
8.4 開発環境を構築する 200
Cloud9のディスクスペースが不足している場合の拡張方法 201
8.5 サンプルデータの準備 205
8.6 Pineconeのセットアップ 206
Pineconeとは 206
Pinecone以外のベクターデータベース 207
Pineconeのサインアップ 207
8.7 ベクターデータベース（Pinecone）にベクターデータを保存する 210
COLUMN Pythonのパッケージ管理ツールについて 213
8.8 Pineconeを検索して回答する 214
8.9 会話履歴も踏まえて質問できるようにする 216
単純に会話履歴を入れてもうまく動かないケース 216
会話履歴を踏まえて質問をあらためて作成する 218
8.10 ConversationalRetrievalChainを使う 219
まとめ 221

第9章 LLMアプリの本番リリースに向けて 223

9.1 企業で生成AIを活用していくために......224

9.2 JDLA発行『生成AIの利用ガイドライン』をもとにした自社ガイドラインの作成......225

利用する外部サービスのサービス規約をしっかり読む......226

9.3 サービスの企画・設計段階での課題......227

プロジェクトリスクへの対応......227

9.4 テスト・評価について......229

LLM部分の評価方法......229

LangSmithによる性能監視......230

COLUMN コンテンツのユースケースによる温度（temperature）の推奨値......232

9.5 セキュリティ対策について......233

OWASP Top 10 for Large Language Model Applications......233

LangChainコアの脆弱性排除について......236

9.6 個人データ保護の観点......238

個人情報保護法に定める本人同意と目的内での利用......238

個人情報の保護に関する「決定指向」利益モデルと情報的他律からの自由について......239

9.7 EUが定める禁止AI・ハイリスクAIの取り扱いの動向......240

付録 Webアプリ、Slackアプリ開発の環境構築 243

A.1 AWSのサインアップ......244

A.2 Cloud9の環境作成......244

Cloud9の料金説明......247

A.3 Cloud9とGitHubの連携......247

GitHubとのSSHの設定......247

Gitのユーザーの設定......248

GitHubでリポジトリを作成してクローン......249

A.4 Cloud9上のPythonの環境構築......250

pyenvのインストール......250

Python3.10のインストール......251

Python3.10を使うための手順......251

仮想環境について......251

A.5 Momentoのサインアップ......253

索引......257

第1章

大規模言語モデル(LLM)を使ったアプリケーションを開発したい!

2022年11月にChatGPTがリリースされ、利用した方はその会話性能の高さにたいへん驚いたと思います。とくにアプリケーション開発者にとっては、今までできなかったビジネスや機能が実現できるかもしれないと感じて興奮しているのではないでしょうか。アプリケーション開発者にとって可能性が膨らんだ、なにか実現してみたいと感じる一方で、大規模言語モデル(LLM)関連ニュースが毎日大量に飛び交い、その進化の速さに戸惑っていることも多いと思います。

われわれITエンジニアにいま重要なことは、この魔法のようなLLMがどのような技術原理・性質によって動いているかを把握して、ユーザーのための便益を設計し、システムに上手に組み込むことです。どのような技術の組み合わせや工数で、どのようなシステムが実現可能であるかを知ることは、システム開発の現場においても、今後LLM活用の必要性が迫られるときに重要な知識・スキルになってきます。本書はそのファーストステップのために必要な実践ノウハウが詰まった1冊です。さぁ怖がらずにLLMを活用したアプリ開発をはじめてみましょう!

ChatGPTにふれてみよう

本書で扱うテーマについていくためには、まずはじめに、何よりChatGPTにふれるべきです。ChatGPTのURL (https://chat.openai.com/) にアクセスして登録することで、ChatGPTを使い始めることができます。

ChatGPTに、たとえば「自己紹介してください!」と入力してみます。すると、とても流暢な日本語で自己紹介してくれます。

図1.1 自己紹介してください!

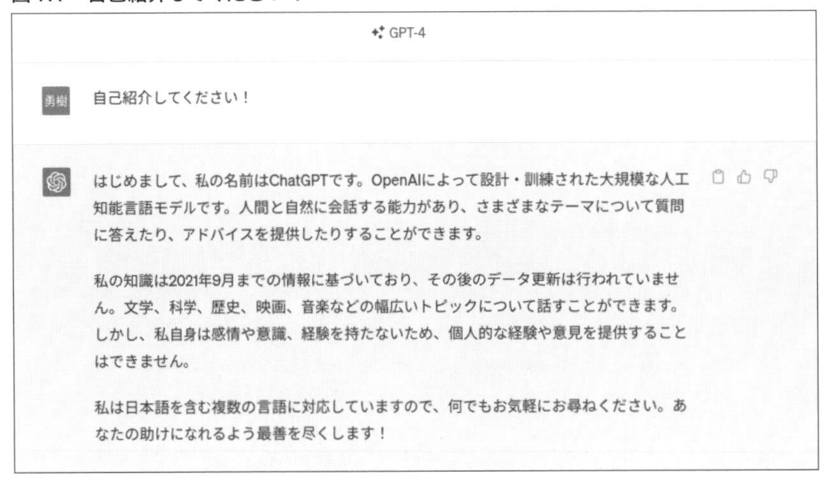

他にも、たとえば「今日の夕飯は何がいいと思う?」と入力してみると、いくつかアイデアを出してくれます。

図1.2 今日の夕飯は何がいいと思う?

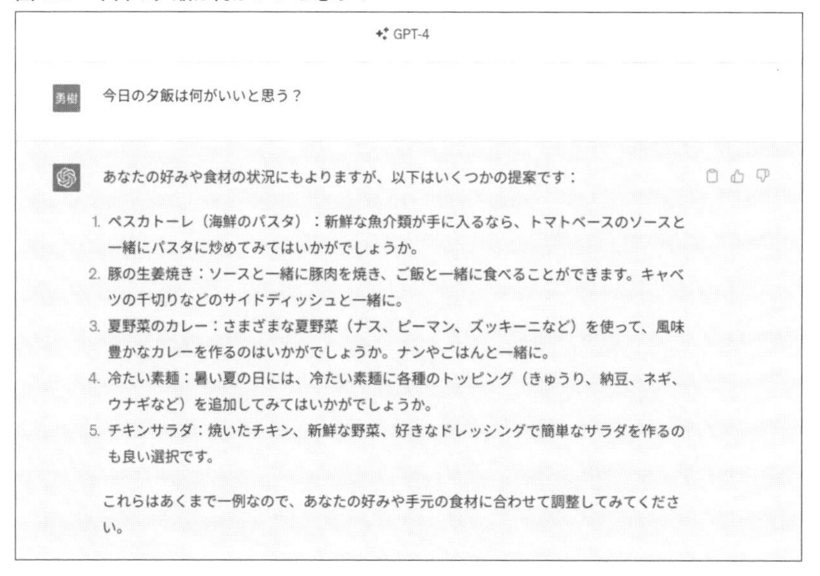

今まで、AIのチャットボットにふれても、あまり流暢な日本語で会話してくれなかったり、見当違いな答えばかりだと感じていた方も少なくないと思います。しかしChatGPTは、とても自然な言葉で、こちらの入力内容をしっかり理解しているかのように応答してくれます。

1.2 プロンプトの工夫でできること

ChatGPTへの入力は「プロンプト」と呼びます。ChatGPTは雑談相手としてもおもしろいですが、プロンプトを工夫することで、日々の仕事やプログラミングに役立てることもできます。プロンプトを工夫する例をいくつか紹介します。

日々の仕事で使ってみよう

ChatGPTに指示をすることで、適切なシチュエーションに合わせたメールのたたき台を作成してくれます。

図1.3 メール文にしてください

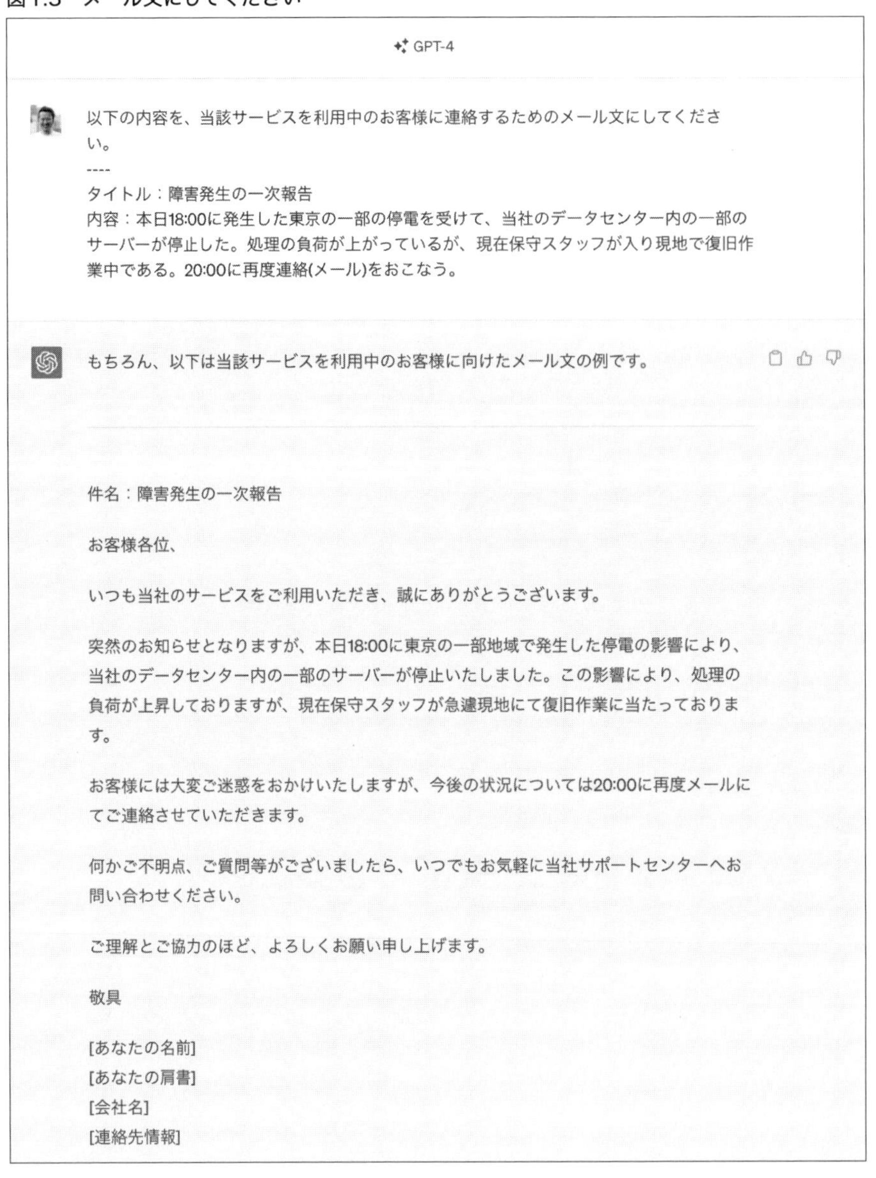

たとえば、プレゼンテーションのコンセプトを指定して目次・概要を作ってもらうような、考え出すと意外と時間が取られるアイデアのたたき台作成も指示できます。

図1.4 プレゼンアイデア

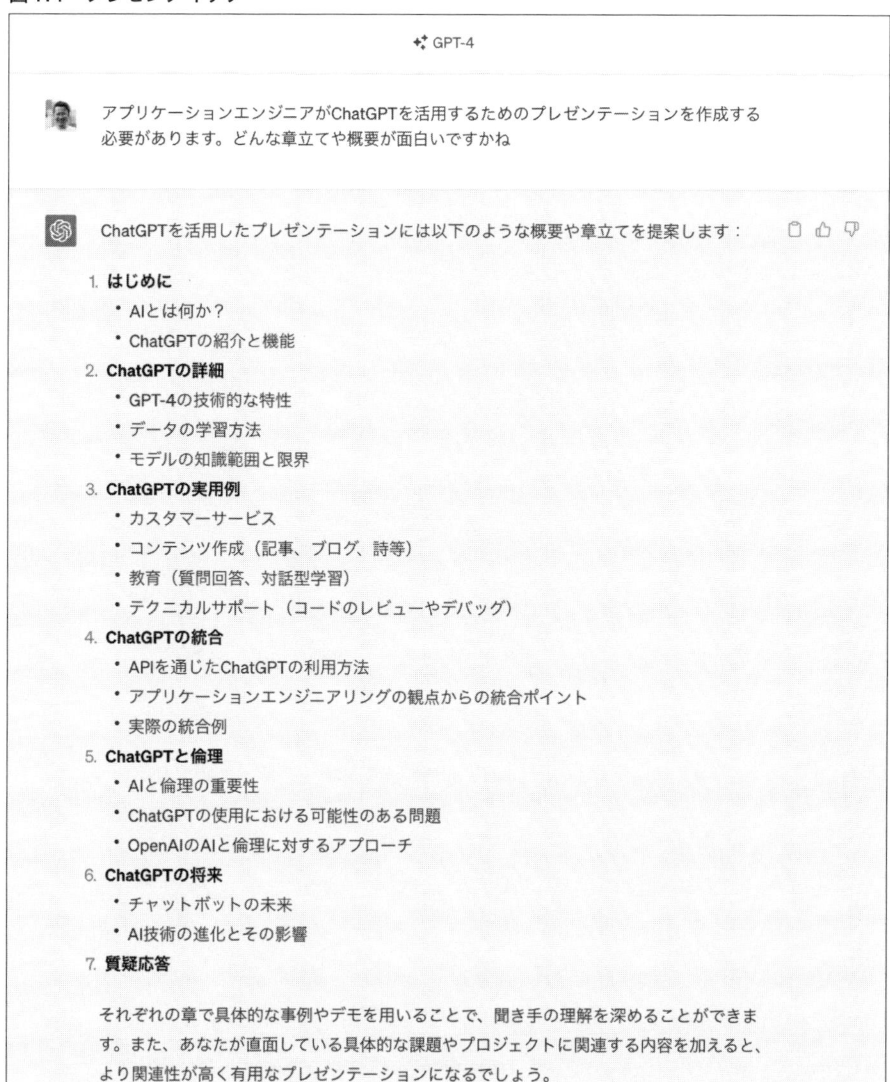

図1.5のようにして、業界や自社アセットを活用した新規事業のアイデアを考えてもらうこともできます。当然ChatGPTは疲れ知らずなので、「他の提案をください」と続けたり、「それ以外に5個作ってください」など指定すれば、納得のいくインスピレーションを得られるまで何度でもアイデアを作り出してくれます。

図1.5　事業アイデア

うちは40年続くリフォーム専門企業です。業界での特徴は、誰も手がけない新しい商品の企画力と、工場を持たない身軽な経営です。これらを加味して、来年から開発する新商品の企画書を書きたいです。想定読者は取締役会の人たちです。どんな商品がありますか？また、概要を説明してください。

あなたの会社の特性を考慮に入れると、以下のような新商品のアイデアが考えられます：

商品名：エコリフォームキット

概要：

エコリフォームキットは、環境に優しく、ユーザー自身で簡単にリフォームができるDIYキットです。このキットは、リフォーム業界での新たなトレンドを作り出す可能性があります。

特徴：

1. **エコフレンドリー：** このキットは、環境に優しい素材を使用しています。これにより、消費者が自分の家をリフォームすることで地球に負荷をかけることなく、快適な生活を送ることができます。
2. **DIY：** このキットは、ユーザー自身が簡単にリフォームを行うことができます。詳細な取り扱い説明書と必要な工具が含まれており、特別なスキルや経験は必要ありません。
3. **カスタマイズ可能：** ユーザーは、自分の好みやニーズに合わせてキットをカスタマイズすることができます。これにより、ユーザーは自分だけのユニークな空間を作り出すことができます。
4. **身軽な経営：** 工場を持たないあなたの会社にとって、このキットは理想的な商品です。製造は外部のパートナーに委託することができ、あなたの会社はデザインと販売に集中することができます。

このエコリフォームキットは、あなたの会社の企画力を最大限に活かし、新たな市場を開拓する可能性を秘めています。また、この商品は環境に配慮したライフスタイルを求める現代の消費者のニーズにも応えています。

さらに、ChatGPTは手順を指示することで、それに沿ったアシスタントも可能なので、図1.6のようなプロンプトを用いて、指示した手順に従って1on1を実行してくれる、簡易的なパーソナルアシスタントとして動作してくれます。

図1.6 1on1アシスタント

GPT-4

あなたは1on1のコーチです。以下の手順にしたがってわたしと1on1をしてください。
手順はかならず1ステップずつ進め、わたしに確認が必要なことがあれば必ず確認してください。

###
手順1: 私に対して今日の気分を聞いてください。わたしがそれに答えたら次の手順に行ってください。
手順2: 今日1on1で話したいテーマについてわたしに聞いてください。わたしが答えたら次の手順に行ってください。
手順3: なぜそのテーマを設定したのか尋ねてください。わたしが答えたら次の手順に行ってください。
手順4: そのテーマについて課題に分解するように私に促してください。5つ課題を挙げてもらってください。わたしが答えたら次の手順に行ってください。
手順5: 聞いた課題について具体的に話したいことをわたしに話してもらってください。わたしが答えたら次の手順に行ってください。
手順6: ここまでわたしが話した内容を要約して、わたしに内容が正しいか聞いてください。正しければ次へ、間違っていれば要約をやり直してください。
手順7: 今後のアクションについてわたしに聞いてください。わたしが答えたら次の手順に行ってください。
手順8: 最後に話してくれたわたしに対してお礼を言って会話を終わってください

もちろん、指示に従います。では、始めましょう。

手順1

今日の気分はいかがでしょうか？お気持ちをお聞かせいただけますか？

はい、今日はよく眠れたので気分がよいです。

それは素晴らしいですね！よく眠れると、一日がとても違うものになることが多いですね。

手順2

では、今日の1on1で話したいテーマについて教えていただけますか？

1.3 プログラミングで使ってみよう

ChatGPTは、プログラミングに役立てることもできます。例として、『文字列に含まれる「ChatGPT」の数を数える関数をPythonで書いてください。』と入力してみます。すると、Pythonのコードを実装してくれました。

図1.7 ChatGPTにコードを書いてもらう

このコードは実際に動作します。

続けて、「pytestでテストコードを書いてください。」と入力して、テストコードを書いてもらいました。

図1.8 ChatGPTにテストコードを書いてもらう

勇樹
pytestでテストコードを書いてください。
以下に、上記の`count_occurrences`関数のためのpytestベースのテストコードを提供します：
python
Copy code
import pytest

def count_occurrences(text, substring='ChatGPT'):
    return text.count(substring)

def test_count_occurrences():
    text1 = 'ChatGPTは非常に高度なAIです。ChatGPTは自然言語処理に優れています。'
    assert count_occurrences(text1) == 2

    text2 = 'OpenAIはChatGPTを開発しました。'
    assert count_occurrences(text2) == 1

    text3 = 'このテキストにはChatGPTという単語が含まれていません。'
    assert count_occurrences(text3) == 0

if __name__ == "__main__":
    pytest.main()
このテストコードは、`count_occurrences`関数が正しく機能することを確認します。それぞれのテストケースは、'ChatGPT'の異なる出現数を持つテキストをテストしています。テストがすべて通れば、関数は正しく動作していると言えます。
このコードをpytestとともに実行すると、テストが全てパスすることが期待されます。

テストコードを書いてくれたのはいいのですが、text3には「ChatGPT」という単語が含まれているため、このテストは失敗してしまいます。

そこで、「text3にはChatGPTが含まれています。含まないようにしてください。」と入力して、テストコードを修正してもらいます。

図1.9 ChatGPTにコードを修正してもらう

text3にはChatGPTが含まれています。含まないでください。
すみません、私の間違いです。その通り、「ChatGPT」が含まれていました。以下に修正したテストコードを提供します：
python
Copy code
import pytest
def count_occurrences(text, substring='ChatGPT'):
return text.count(substring)
def test_count_occurrences():
text1 = 'ChatGPTは非常に高度なAIです。ChatGPTは自然言語処理に優れています。'
assert count_occurrences(text1) == 2
text2 = 'OpenAIはChatGPTを開発しました。'
assert count_occurrences(text2) == 1
text3 = 'このテキストには指定の単語が含まれていません。'
assert count_occurrences(text3) == 0
if __name__ == "__main__":
pytest.main()
今度こそ、`text3`は「ChatGPT」を含まないテキストをテストします。上記のテストを実行すると、全てのテストがパスすることが期待されます。

見事に動作するテストコードを記述してくれました。

プログラミング関連で他の例を挙げると、ChatGPTにエラーメッセージを与えてどう対処すればいいかを考えてもらったり、コードの変更内容をもとにプルリクエストの説明文を書いてもらったりすることもできます。

1.4 ChatGPTを使うときに気をつけること

ChatGPTを使うときは、気をつけるべきことがいくつかあります。

まず、ChatGPTの応答は、内容の正しさが保証されているわけではありません。事実と異なる回答をしてくるハルシネーション(幻覚)にはとくに注意するべきです。

また、業務で利用する場合は、あやまって保護すべきお客様の個人情報を入力してしまったり、まだ世の中に公開していない自社の競争力の源泉となる技術ノウハウのような機密データを入力してしまったりするおそれがあります。ChatGPTは業務で利用する他のクラウドサービス同様にインターネットの向こう側でデータが保存されており、一度入力して漏洩してしまったデータはなかったことにすることが原則的にできません。通常のクラウドサービス利用であれば、多くの会社でサービスの利用可否を判断するレビュープロセスを経てから利用することが一般的と想定されますが、同様に、ChatGPTを提供しているOpenAIの利用規約やライセンスの詳細を調査してレビューしてから利用するようにしてください。本書執筆時点（2023年8月8日）においては、規約上、チャットに入力された履歴データはChatGPTのサービス改善のためにOpenAI社がモデルのトレーニングに利用することが可能になっています。ただしこれらは有料／無料ユーザーに限らず、ChatGPTのSettingsメニューから、ON/OFFの切り替えを行うことが可能です。

図1.10　Chat history & training

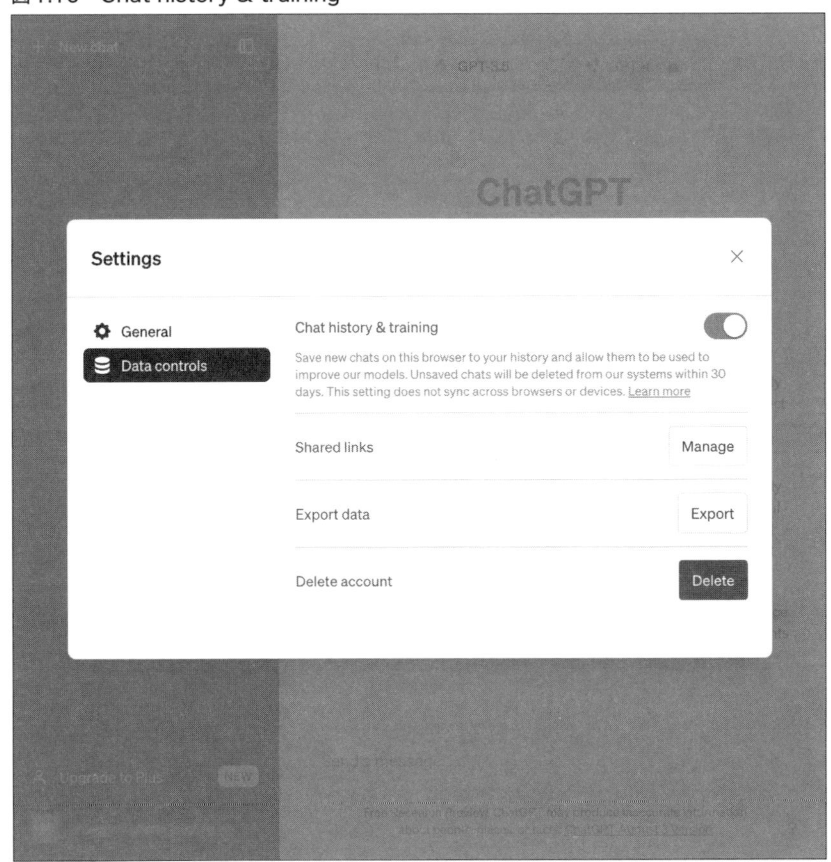

それ以外にも、OpenAIの利用規約や個人情報保護ポリシーなどの文書において、コンテンツの所有権の話、コンテンツのフィルタリングや入力・出力における禁止事項、ユーザーとして登録された個

人情報の第三者への開示の権利や、統計処理を施したデータの扱いなど、われわれが入力するコンテンツデータに関するたくさんの規定が決められています。利用前に必ず一度通読するようにしてください。

また、社内でたくさんの人がChatGPTにアクセスして利用する場合などに、規約などを全員がすべて確認して、適切なデータの取り扱いを担保するのはあまり実効性が高くありません。あらかじめ社内でChatGPTをはじめとした生成AIを活用するための自社向けのガイドラインを整備して啓蒙すると、活用をより安全に推進することが可能です。日本ディープラーニング協会 (JDLA) がひな形として利用可能なガイドラインと、その内容の解説を公開しているので、これらを活用してガイドラインを策定し、定期的に社内での研修を開催することで、安全に運用するとともに、利用上の判断において共通認識を定着することが可能になります。

JDLA発行「生成AIの利用ガイドライン」を元にした自社ガイドラインの作成については、第9章「LLMアプリの本番リリースに向けて」でもう少し詳細に解説しています。

1.5 ChatGPTの有料プランでできること

ChatGPTは無料で使うこともできますが、有料プラン「ChatGPT Plus」に登録すると、さまざまなメリットがあります。有料プランは本稿執筆時点では月額20ドルとなっています。

図1.11　ChatGPT Plus

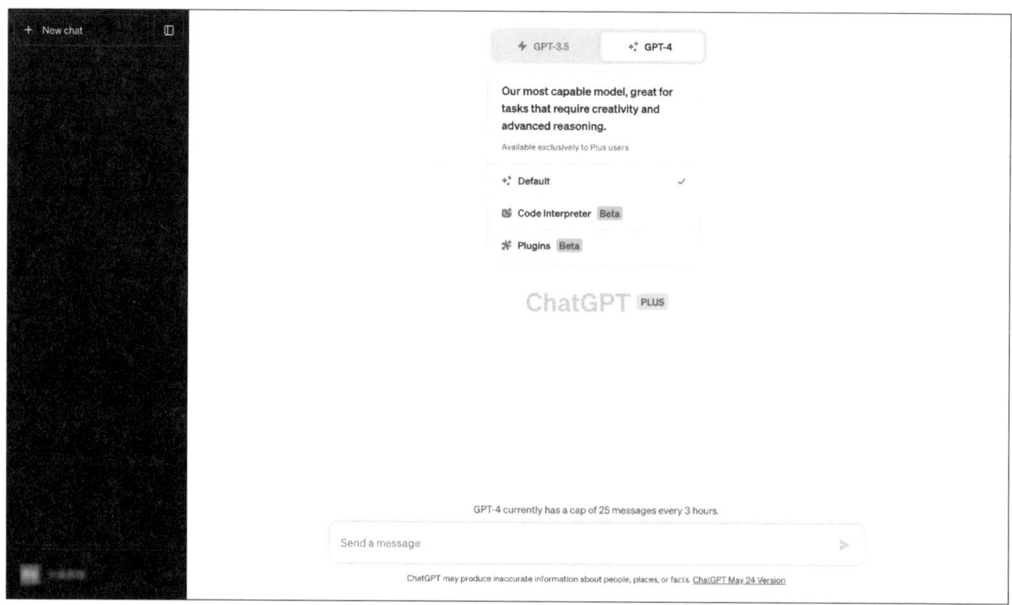

GPT-4

まず、無料プランでも使える「GPT-3.5」に加えて「GPT-4」というモデルも選択できるようになります。ChatGPTにおける「モデル」はOpenAIが提供する大規模言語モデルの種類を指し、入力されたテキストに対して出力となるテキストを生成する部分になります。モデルの性能が良いほど、同じ入力内容でもより高品質な応答を生成しやすくなります。

GPT-4はGPT-3.5よりもはるかに高性能です。GPT-3.5よりも適切なプログラムを生成してくれたり、専門的な質問にも正しく回答してくれることが多いです。GPT-4にふれた人は必ず衝撃を受けるといっても過言ではありません。なかには、無料のGPT-3.5だけを使って、「AIがすごいというけど、試したら全然たいしたことなかった」と思っている方もいるかもしれません。実はそれは、みんなが本当にすごいと騒いでいるAIをさわっていないといっても過言ではありません。GPT-4は、GPT-3.5ではできないこともかなり解決してくれます。ぜひGPT-4にふれてみてください。

Plugins

ChatGPT Plusでは他にも「Plugins」という機能を使うこともできます。たとえば「WebPilot」というプラグインを使うと、ChatGPTにWeb上の情報をもとに回答してもらうことができます。WebPilotプラグインをインストールしたうえで、ChatGPTに本書で扱う「LangChain」というPythonパッケージについて質問してみます。

図1.12 WebPilotプラグインを使う

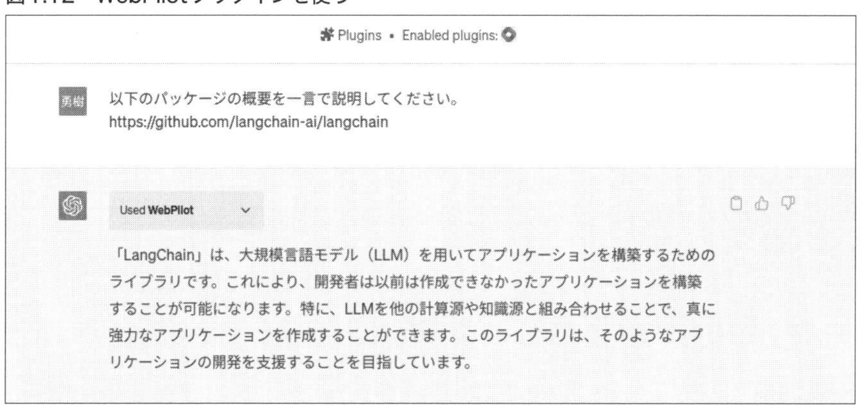

Web上の情報をもとに、LangChainについて回答してくれました。本書の執筆時点でChatGPTは2021年9月までの情報で学習しているため、2022年に登場したLangChainのことは知りません。しかしWebPilotなどのWeb上の情報を扱えるプラグインを使えば、より新しい情報をもとに回答

してもらうことができます。

ChatGPTのプラグインはとてもたくさんあります。たとえば、飲食店を検索できる「食べログ」プラグインや、旅行の計画を立てられる「Expedia」プラグインなどが有名です。また、各種サービスとの連携が可能なiPaaS (Integration Platform as a Service) の一種であるZapierのプラグインもあるため、事実上なんでもできるといっても過言ではありません。

Advanced data analysis

ChatGPT Plusには2023年7月から「Advanced data analysis[注1]」という機能が追加されました。Advanced data analysisは、GPT-4が生成したPythonのコードを実際にOpenAIのサンドボックス環境で実行させる機能です。

たとえば、ファイルをアップロードして、その内容をグラフ化してもらうことができます。まず、商品の売上データのCSVファイル (sample.csv) を適当に作成します[注2]。

```
日付,商品ID,商品名,単価,数量,売上
2023-08-01,001,商品A,100,5,500
2023-08-01,002,商品B,200,3,600
2023-08-02,001,商品A,100,2,200
2023-08-02,003,商品C,300,1,300
2023-08-03,002,商品B,200,1,200
2023-08-03,003,商品C,300,4,1200
2023-08-04,001,商品A,100,1,100
2023-08-04,002,商品B,200,2,400
2023-08-05,003,商品C,300,3,900
```

ChatGPTでAdvanced data analysisを有効化して、このファイルをアップロードし、「これは何のデータですか?」と入力してみます。すると、ChatGPTはsample.csvを読み込んで、どんなデータが含まれているのかを回答してくれます。

注1　公開当初の名称は「Code Interpreter」。
注2　このデータももちろんChatGPTで生成しました。

図1.13　Advanced data analysisにファイルをアップロード

ChatGPTの応答の上部にある「Show work」の箇所をクリックすると、ChatGPTが生成したコードと、そのコードの実行結果が表示されます。

図1.14　Advanced data analysisが生成したコードと実行結果

ChatGPTはユーザーの入力に対して、このようなPythonコードを生成し、サンドボックス環境で実行した結果を踏まえて、最終的な応答をしてくれている、ということになります。

さらに、「日付ごとの売上をグラフにしてください。」と入力してみます。すると、次のようなグラフを作成してくれました。

図1.15 Advanced data analysisでグラフを作成

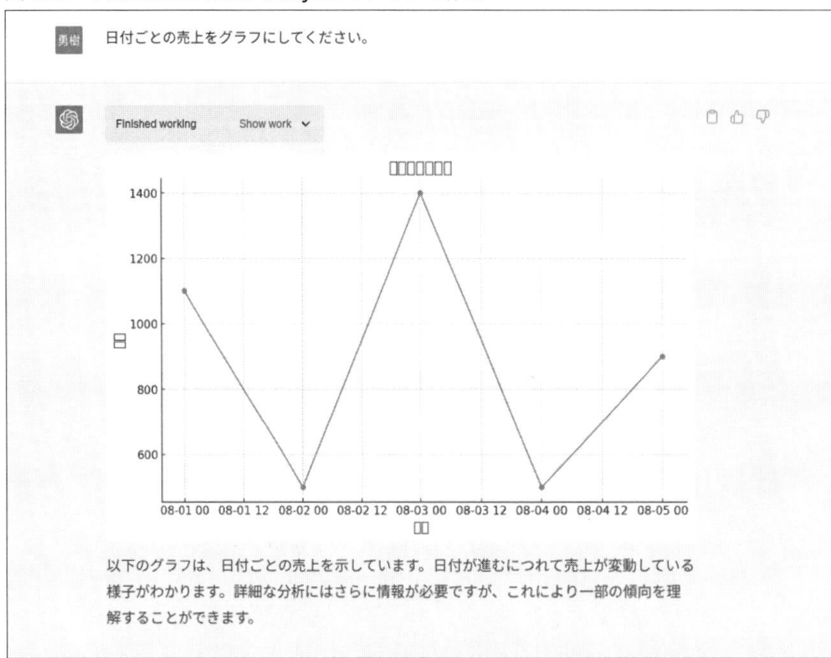

(この例では日本語のラベルがうまく表示されていませんが)データをグラフ化して表示してもらうことに成功しました。ChatGPTのPluginsやAdvanced data analysisには、とても大きな可能性があることを感じとれるのではないでしょうか。

OpenAIのChatGPT以外のサービス

本書ではChatGPTのようなチャット機能を実装するために、OpenAIのサービスのうちChatGPTのみ紹介し、次章以降でそのAPI機能を解説しますが、OpenAIは、ChatGPT以外にもさまざまなサービスを提供しています。Whisperという文字起こしのAIや、DALL・Eという画像生成のAIなども提供しており、ChatGPT同様、APIを経由して利用することも可能です。興味があれば、これらも本書で解説するのと同等の要領でAPI経由で利用できるので、ぜひチャレンジしてみてください。

大規模言語モデル（LLM）のビジネスへの活用

ChatGPTで使われているGPT 3.5やGPT-4といったモデルは「大規模言語モデル（Large Language Model：LLM）」と呼ばれます。LLMを使って実現できることはとても幅広いです。すぐに思いつくのは、チャットボットの実装や、文章の要約でしょう。

もちろんそのようなわかりやすい用途でも便利なのですが、LLMの大きな特徴は、プロンプトを工夫することで、専用に学習したわけではないさまざまなタスクに対応できる場合があることです。第2章でプロンプトの工夫をいくつか紹介しますが、たとえば、「与えられたテキストがポジティブな内容かネガティブな内容か判定させる」「与えられたテキストから属性を抽出させる」といったことが可能です。

また、ChatGPTのPluginsやAdvanced data analysisのように、LLMにWeb検索などの道具を与えたり、LLMが出力したコードを実行したりするようなアプリケーションの実装も可能です。単にテキストを生成させるだけではなく、生成された内容をもとに現実世界に作用させることができるのです。

そして最近では、自律的に動作する「AIエージェント」も注目されています。AIエージェントは、ユーザーの入力に対してすぐに応答を返して終わりではなく、与えられた課題を解決するためにどうすべきか計画し、必要に応じて与えられた道具を使って現実世界に作用して、タスクを解決していきます。AIエージェントのしくみの基礎と実装例は、第5章で解説します。

1.7 LLMを活用したビジネスやアプリケーションの事例紹介

すでに多くの企業において、新規サービスや、既存事業への機能追加という形でLLMの活用が進んでいます。

株式会社サイダスの事例:CYDAS PEOPLE Copilot Chat

総務・労務・人事担当者へのたくさんの問い合わせを効率化するために、FAQや問い合わせ履歴をもとにチャットボットで答えるサービスです。

図1.16 CYDAS PEOPLE Copilot Chat

https://www.cydas.co.jp/news/press/202304_people-gpt/から引用

PingCAP株式会社の事例：Chat2Query

ChatGPTを用いて自然言語からSQLを生成する機能です。

図1.17 Chat2Query

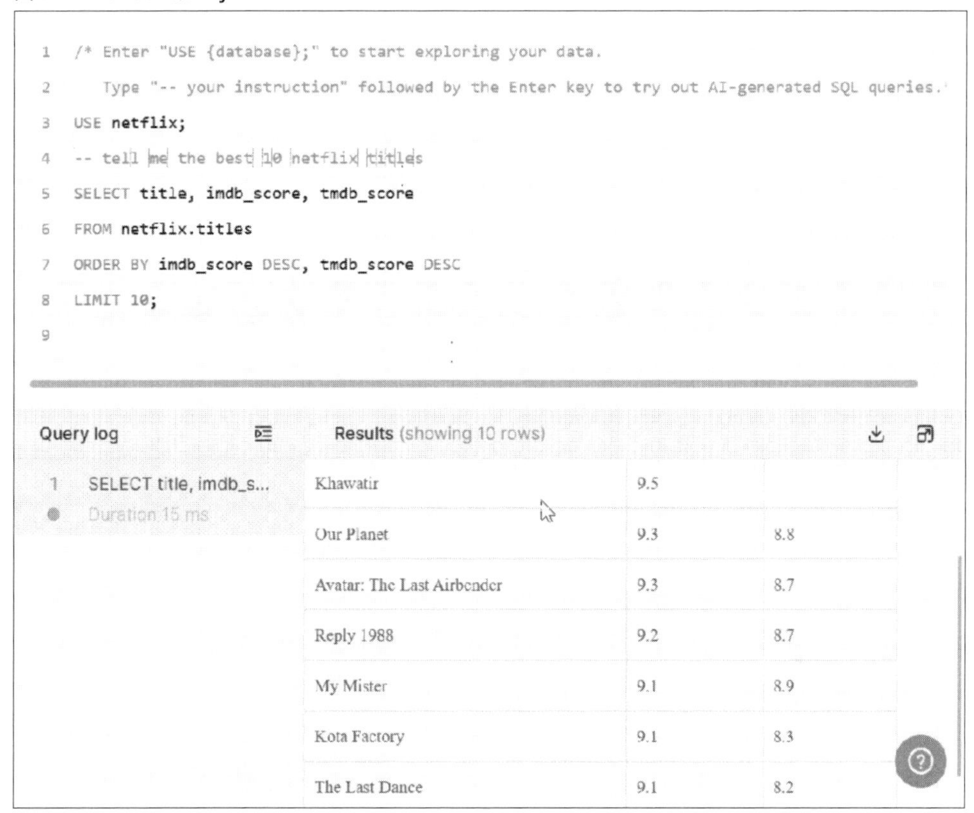
1 /* Enter "USE {database};" to start exploring your data.
2 Type "-- your instruction" followed by the Enter key to try out AI-generated SQL queries.
3 USE netflix;
4 -- tell me the best 10 netflix titles
5 SELECT title, imdb_score, tmdb_score
6 FROM netflix.titles
7 ORDER BY imdb_score DESC, tmdb_score DESC
8 LIMIT 10;
9
Query log
Results (showing 10 rows)
1 SELECT title, imdb_s...
Duration 15 ms
Khawatir 9.5
Our Planet 9.3 8.8
Avatar: The Last Airbender 9.3 8.7
Reply 1988 9.2 8.7
My Mister 9.1 8.9
Kota Factory 9.1 8.3
The Last Dance 9.1 8.2

https://pingcap.co.jp/chat2query-ai-powered-sql-generator/から引用

Alexaスキルの事例（個人開発）：helloGPT

AlexaにChatGPTを組み合わせることで、声でChatGPTとやりとりできたり、英会話のレッスンができるAlexaスキルです。

図1.18 helloGPT

https://note.com/uramot/n/n333c2aa1f25c から引用

株式会社ソラコムの事例：SORACOM Harvest Data Intelligence

IoTデバイスから収集したデータに対してChatGPTを活用し、異常値やトレンド、特徴的な要素などを解析し、自然言語で解説を表示したり、その内容について対話的に分析できたりする機能です。

図1.19 soracomharvestdate_intelligence04

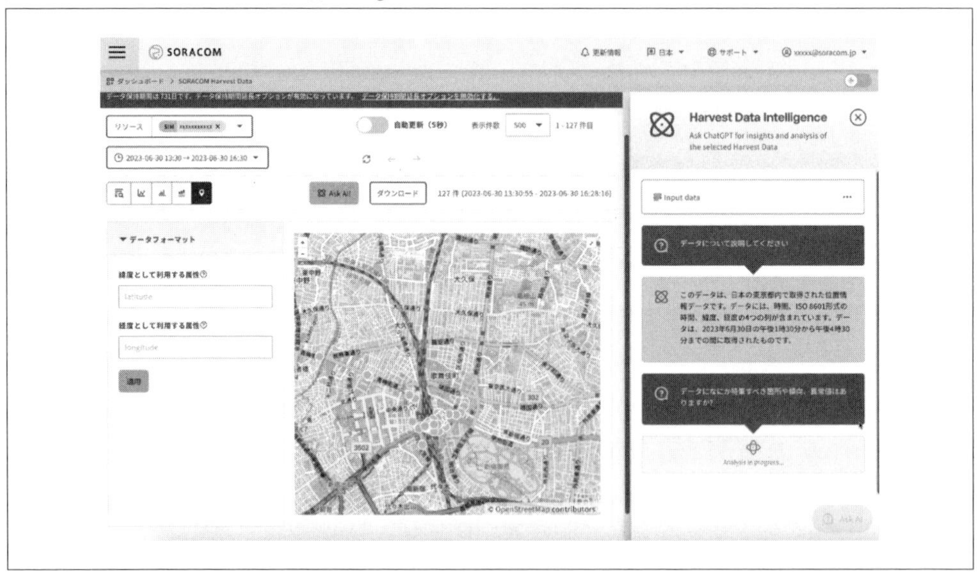

https://soracom.com/ja-jp/news/20230706-ai-analyzes-iot-data/ から引用

ここに挙げた事例はほんの一部で、現在、毎日のようにさまざまな会社が、LLMを活用した新規サービスや、自社の機能性を拡張するためのLLMオプション機能を発表しています。

1.8 LLMを使ったアプリケーション開発で気をつけること

このようにさまざまな応用が考えられるLLMですが、実際にアプリケーションを開発するときには注意すべきことも多いです。

まず、いままでのプログラミングベースでのアプリケーション開発と大きく異なる点として、ChatGPTは同じ入力に対して必ず同じ応答を返してくるわけではありません。そのため、再現性のある動作を期待する用途には適しません。関数のように、Aを入れてもかならずBが出るとはかぎらないため、応答内容の違いや、それによるユーザー体験のばらつきは大前提として設計する必要があります。

応答の形式を制御したい、応答のばらつきを可能な限り抑えたい、逆に毎回発想力豊かに違った回答にバリエーションが欲しい、社内文書に基づいて回答して欲しいなど、提供するアプリケーションの特性に合わせたLLMの能力の拡張のために、本書ではLangChainというフレームワークを利用する方法を後ほど解説していきます。

1.9 本書で扱う技術について

第1章の最後に、本書で扱う技術を簡単に紹介していきます。

LangChain

LangChainは、LLMを使ったアプリケーション開発のフレームワークです。GitHubでオープンソースとして開発されており、毎日のように新しいバージョンがリリースされています。執筆時点でGitHubのスターの数は57,000を超えており、非常に注目されていることがわかります。

図1.20　LangChainのスター数推移（https://star-history.com/#langchain-ai/langchain&Date）

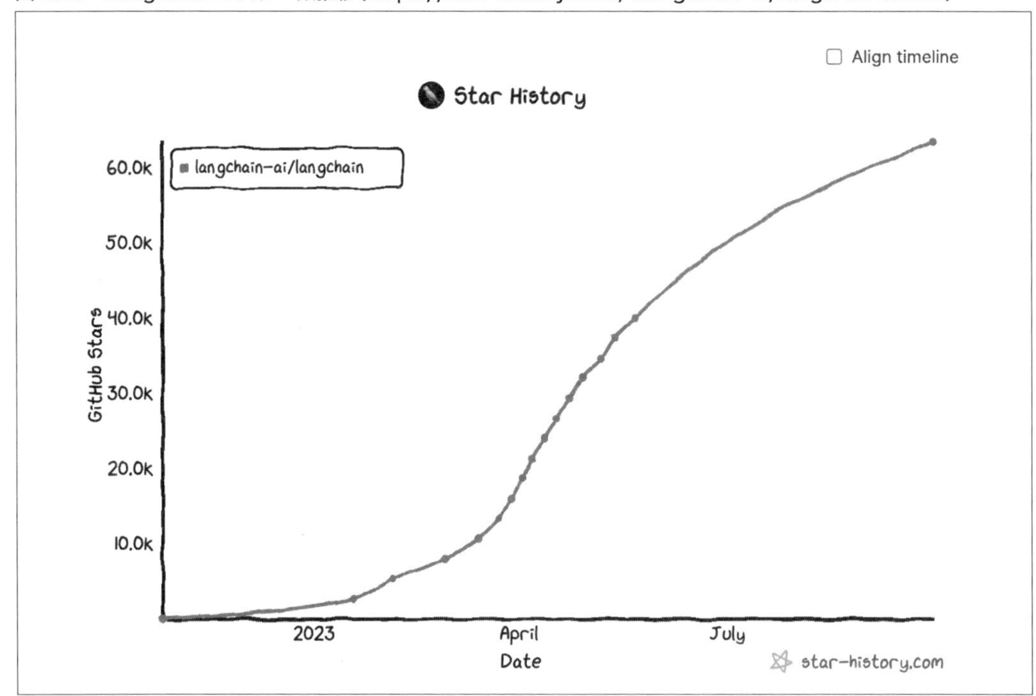

ChatGPTにふれておもしろいと感じた開発者が、実際にLLMを使ったアプリケーションを実装しようとすると、さまざまな壁にぶつかります。自分のアプリケーションに特有ではなく、多くの開発者が同じように求める工夫を再発明してしまうこともあるでしょう。LangChainは、多くの開発者がぶつかる壁に対してすでにモジュールを提供してくれています。

LangChainをキャッチアップすることで、LLMを実際の世界にアプリケーションとして落とし込むとはどういうことかが見えてきます。また、LLMをアプリケーションに組み込んで活用するためのアイデアが見えてくることも多いです。

LLMを使ったアプリケーション開発については、研究も盛んであり、さまざまな論文があります。例を3つ紹介します。

- LLMに対話にとどまらずアクションを起こさせる「ReAct」
  「ReAct: Synergizing Reasoning and Acting in Language Models」
  https://arxiv.org/abs/2210.03629
- 社内文書などのQ&Aの質を高める「HyDE」
  「Precise Zero-Shot Dense Retrieval without Relevance Labels」
  https://arxiv.org/abs/2212.10496
- AIエージェントたちを仮想的な街に住まわせる「Generative Agents」
  「Generative Agents: Interactive Simulacra of Human Behavior」
  https://arxiv.org/abs/2304.03442

LangChainには、このような論文にもとづく手法も次々と実装されています。そのためLangChainを学ぶことは、LLMを使った新しい手法を学ぶことにもつながります。

クラウドサービス（とくにサーバーレス）

LLMの事例で一部紹介したように、LLMの能力を活かしたサービスや追加機能に対するアイデアはたくさんあります。きっと皆さんの関わっているサービスでも活用できるアイデアがあるはずです。それらをすばやく実装し、実際にユーザーにフィードバックをもらって改善を高速に回すために、クラウドサービスの活用がいまや欠かせません。本書でも、チャットサービスをホストするクラウドサービスや、チャットの履歴管理、ベクターデータベース、IDEにいたるまですべての実装をクラウドサービス上で完結できるように解説しています。そのなかでもとくに、サーバーのインスタンスやプロセスの管理を意識することなく、完全にゼロから無限にスケールし、使った分だけ課金される特徴をもっているサーバーレスなサービスが素早い開発に大変有利です。

きっと本書での実装経験は、今後のLLMアプリケーション開発の生産性向上にも役立つことになると思います。

Slackアプリでコラボレーションを促進しよう

本書の後半ではWebアプリケーションとしてのチャットシステムだけでなく、Slackアプリをサーバーレスで実装します。社内でChatGPTを活用するシーンにおいては、毎回Webアプリにアクセスするよりも、業務のコラボレーションとして常に利用しているビジネスチャットサービスのなかで透過的に利用できるほうが体験として優れていると考えているからです。また、個人個人で利用するWebアプリと比べて、複数ユーザーで同じチャンネル内で利用することにより、より優れたおもしろい使いかたを参考できたり、コラボレーションの促進にも役立つことが多いはずです。

まとめ

この章では、ChatGPTをビジネスに活用するためにまず理解しておきたい、さまざまな事例やChatGPTの能力について学びました。より多くの事例や、ChatGPTの活用方法について学びたい場合は、日々さまざまなコミュニティによって開催されている勉強会などに参加してみることをおすすめします。

また、ただ参加するだけでなく、自分が試して得られた知見や、学んだことをアウトプットすることで、より一層理解を深めるというのも、コミュニティ参加の大きなメリットですので、積極的にそのような機会を探してみることもおすすめします。

第2章

プロンプトエンジニアリング

この章では、LLMへの入力のプロンプトを工夫する「プロンプトエンジニアリング」の基礎知識を解説します。ChatGPTを使い、実際にプロンプトエンジニアリングの手法を試す様子も見ていきます。
本書の第3章以降を読み進めるには、プロンプトエンジニアリングの基本が前提知識となります。この章でしっかり知識をつけていきましょう。

2.1 なぜいきなりプロンプトエンジニアリング?

ChatGPTのプロンプトエンジニアリング

LLMに入力するテキストを「プロンプト」と呼びます。ChatGPTの流行とともに、「プロンプトエンジニアリング」という用語をよく耳にするようになりました。ChatGPTに入力するプロンプトを工夫することで、さまざまなおもしろい挙動を得られるというものです。たとえば、次のような工夫が話題となりました。

- JSONやCSVなど、特定の形式で出力させる
- ChatGPTに歴史上の人物や何らかのキャラクターのように振る舞わせる
- ChatGPTにゲームの状況に適した画像を選択して表示させる[注1]

たとえばプログラミングに関してChatGPTに質問するときも、プロンプトエンジニアリングのテクニックを使うことで、適切な回答を得やすくなります。

アプリケーション開発におけるプロンプトエンジニアリング

本書のテーマは、LLMを使ったアプリケーション開発です。LLMを使ったアプリケーション開発では、LLMに次のような動きを指定したくなることが多いです。

- 特定の出力形式を守ってほしい(たとえば「指定したJSON形式で出力してほしい」)
- 指定した情報をもとに回答してほしい

通常のプログラミングの延長で考えると、このような指示はきっと簡単に実現できそうだなと思うかもしれません。実際にやってみるとわかりますが、これが意外と難しいです。

通常のプログラミングと違い、LLMはなかなかこちらの指示を守ってくれないことも多いです。プロンプトを自分なりに工夫しても、

注1　参考:画像付きのノベルゲームを遊べるプロンプトを作ったら臨場感が溢れすぎた話
https://note.com/churin_1116/n/n1e3697c9db7f

- 低くない割合で指示を無視されてしまう
- 少しプロンプトを変えただけで指示を無視されてしまう

といったことはよくあります。

どれだけ工夫したところで、LLMは100%指示に従ってくれるわけではありません。とはいえ、実用的な割合で指示に従ってもらえるようにしたいところです。そこで使えるテクニックが「プロンプトエンジニアリング」です。

プロンプトエンジニアリングの知識をつけることで、LLMから無限の可能性を引き出せるようになります。現実的な話として、アプリケーションを開発するなかで出力を安定させるためにも、プロンプトエンジニアリングの知識は重要です。

本書ではLLMを使ったアプリケーション開発のフレームワーク「LangChain」も大きく扱います。実はLangChainを理解するには、内部で使われるプロンプトエンジニアリングがポイントです。プロンプトエンジニアリングの基礎知識をつけることで、LangChainも学びやすくなります。

プロンプトエンジニアリングってあやしくない?

プロンプトエンジニアリングについてはさまざまな情報が飛び交っており、なかには眉唾物の情報もあることは否定できません。そのため、「プロンプトエンジニアリングというのはあやしい分野なんだろうな」と思っている方も少なくないはずです(正直なところ、著者も最初は少しうさんくさいと思っていました)。

プロンプトエンジニアリング自体は、研究分野としても注目されています。本書に登場するFew-shotプロンプティング、Chain of Thoughtプロンプティング、ReActなど、さまざまな手法についての論文があります。

また、著者が実際にプロンプトエンジニアリングについて学んで感じたのは、「想像していたよりもエンジニアリング感があっておもしろい」ということです。後ほど紹介するようなプロンプトエンジニアリングの手法を学ぶと、「たしかにエンジニアリングっぽいかも」と思っていただけるかもしれません。

そして何より、知らない分野を食わず嫌いするよりも、実際にふれて自分の目で見て感じとることが重要だと思います。意外なおもしろい発見もあるはずなので、ぜひ楽しんで読み進めてください。

COLUMN

ファインチューニングとプロンプトエンジニアリング

以前から、言語モデルに特定のキャラクターらしい応答を生成させたり、何らかの指示に従わせたりしたいことはよくありました。機械学習モデルを特定の用途に特化させるためには、従来は、専用のモデルを0から作るか、既存のモデルに追加の学習をさせる「ファインチューニング」という手法を使うべきだと考えられていました。とくに、専用のモデルを0から作るよりも時間的、金銭的コストが低いことから、ファインチューニングが注目されていました。

しかしLLMには、ファインチューニングせずとも、プロンプトの工夫(プロンプトエンジニアリング)によって、専用に学習したわけではない用途にも対応できるという性質があることがわかってきています。

ファインチューニングは、大きな計算資源(とくにGPU)が必要なことや、プログラミングや機械学習の専門知識が必要なことから、ハードルは低くありませんでした。それに対して、プロンプトエンジニアリングは、そのためのGPUなどは不要であり、自然言語の文章さえ書ければ可能というハードルの低さから、とても注目されています。

実際、OpenAIが公開しているプロンプトエンジニアリングのベストプラクティスでも、後述するZero-shotプロンプティングやFew-shotプロンプティングといったプロンプトエンジニアリングの手法から始めて、それでも難しい場合にファインチューニングを検討すべきだと書かれています。

参考:Best practices for prompt engineering with OpenAI API
https://help.openai.com/en/articles/6654000-best-practices-for-prompt-engineering-with-openai-api

2.2 プロンプトエンジニアリングとは

ここまでプロンプトエンジニアリングという単語をなんとなく使ってきましたが、そもそもプロンプトエンジニアリングとは何でしょうか。

ChatGPTに「プロンプトエンジニアリングとは」と聞いてみます。

プロンプトエンジニアリングとは

すると、ChatGPT (GPT-4) は、次のように回答してくれました[注2]。

```
プロンプトエンジニアリングとは、AIシステム（とくに自然言語処理のAI）に対する入力（プロンプト）を設計・最適化するプロセスです。プロンプトは、AIに質問やタスクを提示する際に使用される短いテキストで、AIの応答品質や精度に大きな影響を与えます。

プロンプトエンジニアリングの目的は、AIが正確で効率的な回答を提供できるように、質問やタスクの表現方法を改善することです。これは、プロンプトの言語、構造、文脈などを調整することによって実現されます。

プロンプトエンジニアリングの技術は、以下のような方法で実施されることが一般的です。

1. 質問の言い換え: 質問を異なる言い方や表現で繰り返すことで、AIが理解しやすくなる。
2. 明瞭な指示: AIに対して具体的で詳細な指示を与え、望む回答を明確に示す。
3. 複数の質問に分割: 複雑な質問をより単純な部分に分割し、それぞれに対する回答を求めることで、全体像を把握しやすくする。
4. 文脈の追加: 質問に関連する背景情報や文脈を追加することで、AIがより適切な回答を提供できるようにする。

プロンプトエンジニアリングは、AI技術が進化し続ける中で、ますます重要なスキルとなっています。効果的なプロンプト設計によって、AIシステムのパフォーマンスを向上させ、ユーザーとのインタラクションを改善することができます。
```

ChatGPTに質問に簡潔に回答してほしくても、このように必要以上に長い回答を出力してくることは多いです。ChatGPTを使っているとよくあることですね。そこで、短く回答してくれるよう、プロンプトを工夫してみます。

```
以下の質問に100文字程度で答えてください。

質問: """
プロンプトエンジニアリングとは
"""
```

すると、ChatGPT (GPT-4) は、次のように回答してくれました。

```
プロンプトエンジニアリングとは、AIモデルへの入力（プロンプト）を最適化し、意図した出力を得る技術です。プロンプトの選択や改善により、モデルの性能が向上します。この技術は、AIの有効活用とコミュニケーションをサポートします。
```

プロンプトを工夫することで、意図した長さの回答を得ることができました。これがまさにプロンプトエンジニアリングの例です。

プロンプトエンジニアリングについてまとめた有名なWebサイト「Prompt Engineering Guide (https://www.promptingguide.ai/jp)」には、次のように書かれています。

注2　この応答はChatGPT (GPT-4) で実際に生成された内容です。しかし、ChatGPT (GPT-4) にこのプロンプトを入力しても「プロンプトエンジニアリングという単語は知りません」といった旨の回答をされる場合があります。これはChatGPTの出力が毎回同じ内容とは限らないことや、アップデートにより応答が変化する可能性があることが原因です。

プロンプトエンジニアリングは、言語モデル (LMs) を効率的に使用するためのプロンプトを開発および最適化する比較的新しい学問分野です。

2.3 プロンプトの構成要素の基本

プロンプトエンジニアリングにはさまざまな手法がありますが、まずはプロンプトの構成要素の基本をおさえるのがおすすめです。この節では、GPT-3.5やGPT-4を使ったアプリケーションを開発する例を考えながら、プロンプトの構成要素の基本を解説します。

題材：レシピ生成AIアプリ

例として、「レシピ生成AIアプリ」(Webアプリケーションやモバイルアプリケーション) について考えてみることにします。このアプリケーションでは、料理名を入力すると、その料理の材料の一覧と調理手順をAIが生成してくれます。

図2.1 レシピ生成AIアプリ

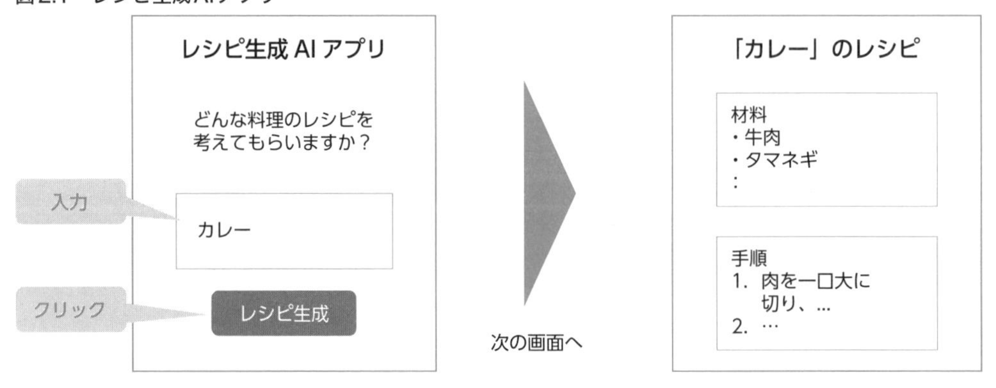

カレーのレシピはAIに生成させてもおもしろくありませんが、「ごはん抜きオムライス」や「氷のないかき氷」といった無茶振りをしたらおもしろそうですね (ちなみに、こういった無茶振りにGPT-3.5やGPT-4はなかなかよい回答をしてくれたりします)。

さて、このようなアプリケーションを作る場合、典型的な構成は図2.2のようになります。

図2.2 LLMを使ったアプリケーションの典型的な構成

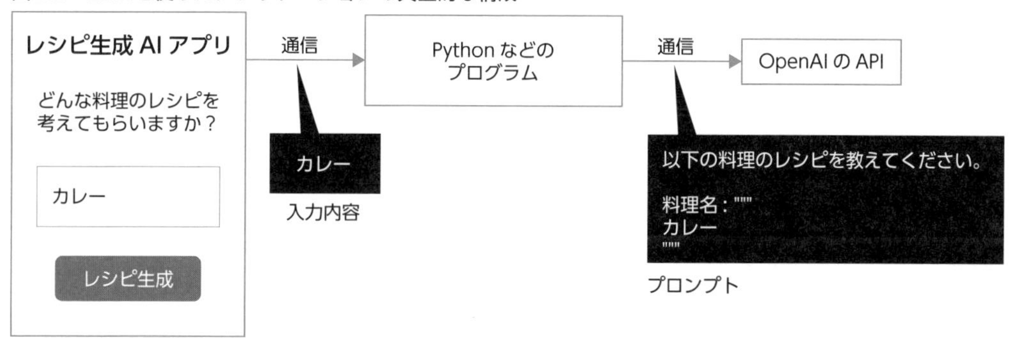

※ Web アプリケーションやモバイルアプリケーションの画面

Webアプリケーションやモバイルアプリケーションの画面があり、ユーザーは「カレー」などの料理名を入力します。ユーザーの入力内容は、Pythonなどのプログラムに送信されます。Pythonなどのプログラムは、ユーザーの入力内容をもとにプロンプトを作成して、OpenAIのAPIに向けてリクエストを送ります。

このようなアプリケーションを開発する際のプロンプトについて考えていきます。

プロンプトのテンプレート化

レシピ生成AIアプリを開発する場合、シンプルなプロンプトの例は次のようになります。

```
以下の料理のレシピを考えてください。

料理名: """
カレー
"""
```

このプロンプトの全体をユーザーが入力するわけではありません。ユーザーが入力するのは「カレー」などの料理名だけです。アプリケーションとしては、ユーザが入力する箇所をテンプレート化した、次のような文字列を用意しておきます。

```
以下の料理のレシピを考えてください。

料理名: """
{dish}
"""
```

ユーザーの入力を受け取ったら、その内容で`{dish}`の箇所を穴埋めしたうえで、OpenAIのAPIにリクエストを送ります。

命令と入力データの分離

このようにプロンプトをテンプレート化して、多くのプロンプトでは、命令と入力データを分離することになります。

図2.3　命令と入力データの分離

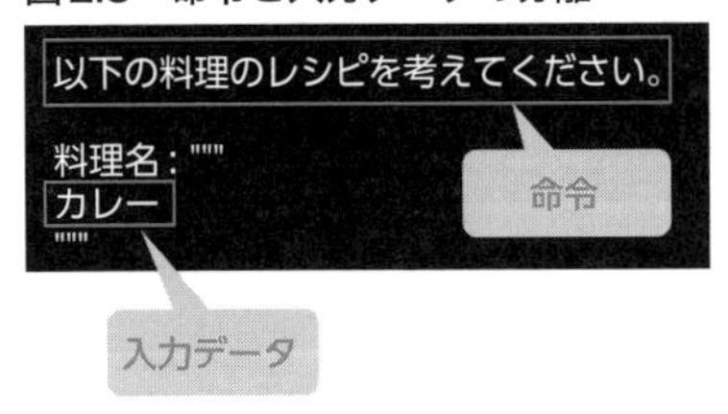

LLMに実行してほしいタスクを命令として記述して、ユーザーの入力データとは独立させます。そして、入力データはわかりやすいように「"""」や「###」といった記号で区切ることも多いです。

文脈を与える

前提条件や外部情報などを文脈（context）として与えると、文脈に従った回答を得ることができます。アプリケーション次第で、さまざまな情報を文脈として与えることが考えられます。

たとえばレシピ生成AIアプリであれば、「分量は1人分」「味の好みは辛口」といった情報を与えることが考えられます。ユーザー情報としてこのような前提条件を登録しておいて、その内容をプロンプトに含めてあげることで、ユーザーに適したレシピを生成しやすくなります。

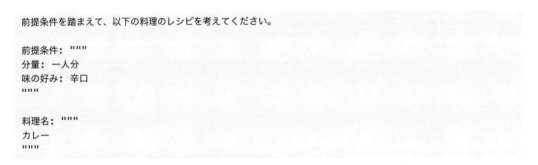

```
前提条件を踏まえて、以下の料理のレシピを考えてください。

前提条件："""
分量：一人分
味の好み：辛口
"""

料理名："""
カレー
"""
```

他には、さまざまな料理のレシピの一覧をデータベースに用意しておいて、今回入力された内容に近いレシピをプロンプトに含めて参考にさせる、といった工夫も考えられます。

図2.4 データベースに基づいた回答

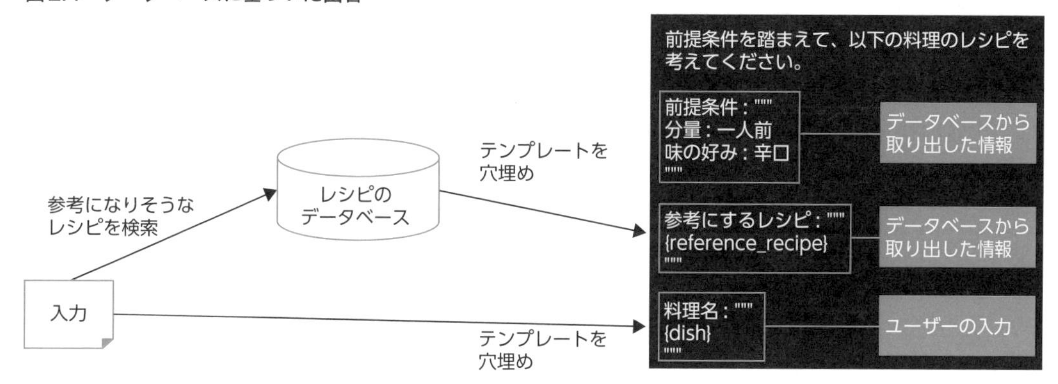

このように、プロンプトに含めた外部の情報を踏まえて回答させるのもLLMを使ったアプリケーションの工夫の定番です。

出力形式を指定する

さらに、プロンプトで出力形式を指定することもよくあります。LLMの応答はそのままユーザーに見せることもありますが、一部だけ抽出したり、整形して表示させたりしたい場合もあります。たとえば次のように、プロンプトで出力形式を指定することが考えられます。

````
料理のレシピを考えてください。

出力は以下のようなJSON形式にしてください。

```json
{
  "材料": ["材料1", "材料2"],
  "手順": ["手順1", "手順2"]
}
```

料理名: """
カレー
"""
````

このプロンプトに対して、ChatGPT (GPT-4) は次のような結果を返してくれました。

````
もちろんです、以下にカレーのレシピを示します。ただし、必要な調理器具などの具体的な記述は省略しています。

```json
{
````
````

```
  "材料": [
    "肉 (鶏もも肉や豚肩ロースなど):300g",
      :
  ],
  "手順": [
    "まず、肉は一口大に切り、玉ねぎは薄切り、にんじんは乱切り、じゃがいもは一口大に切る。",
      :
  ]
}
```

ここに示したレシピは基本的なもので、具材やスパイスを変えたり、チキン、ビーフ、ベジタブルなど、好みに合わせてカレーをカスタマイズしたりすることもできます。また、辛さもカレールーの種類や追加のスパイスによって調整できます。
```

ここからJSONの部分を正規表現などで抽出して使えば、LLMの出力を整形して画面に表示することができます。

ここでは、プロンプトエンジニアリングの基礎知識としてJSON形式の出力を指定する例を紹介しました。しかし、本稿執筆時点でGPT-3.5やGPT-4のAPIを使う場合は、生成されたテキストからJSONの部分を抽出する方法以外に、Chat Completions APIのFunction calling機能を応用してJSON形式の文字列を出力させることもできます。Function calling機能を応用したデータの抽出については、第5章の「LangChainの活用」の中で解説します。

## プロンプトの構成要素のまとめ

ここまで、プロンプトの構成要素として、次の4つを紹介しました。

- 命令
- 入力データ
- 文脈 (context)
- 出力形式の指定

プロンプトがこのような要素から構成されやすいことは、「Prompt Engineering Guide[注3]」にも書かれています。Prompt Engineering Guideは、DAIR.AIがオープンソースとして公開しています。本章の解説も「Prompt Engineering Guide」を参考にしています。

Prompt Engineering Guideのように、プロンプトエンジニアリングの手法をまとめた情報源は

注3　「Prompt Engineering Guide」/「プロンプトの要素」https://www.promptingguide.ai/jp/introduction/elements
```

たくさんあります。そのような情報を参考にすることで、LLMの可能性を引き出せるプロンプトの工夫を知ることができます。

2.4 Prompt Engineering Guideから：ChatGPTの無限の可能性を引き出す

プロンプトエンジニアリングには、デザインパターン[注4]のように名前がつけられた手法もあります。この節では、Prompt Engineering Guideで紹介されている手法のうち、本書を読み進めるうえでおさえておきたいものを紹介します。

Zero-shotプロンプティング

まず、「Zero-shotプロンプティング」を紹介します。

LLMは、特定のタスク[注5]のためにファインチューニングしたりしなくても、プロンプトで指示したタスクをこなせることが少なくありません。たとえば、入力テキストがポジティブなのかネガティブなのか判定する、いわゆるネガポジ判定のプロンプトの例は次のようになります。

```
以下のテキストをポジティブ・ネガティブ・中立のどれかに分類してください。

テキスト：ChatGPTはプログラミングの悩みごとをたくさん解決してくれる

分類：
```

このプロンプトを入力すると、ChatGPT (GPT-4) は次のように回答してくれました。

```
ポジティブ
```

次に紹介するFew-shotプロンプティングと異なり、このようにプロンプトに例を与えずタスクを処理させることをZero-shotプロンプティングと呼びます。

注4　プログラミングなどで使われる設計のパターン。
注5　分類や翻訳、要約など、機械学習モデルに実施させる作業を「タスク」と呼びます。

Few-shotプロンプティング

今度は、入力された物の色をChatGPTに回答してもらうことにします。まずはZero-shotプロンプティングで、次の入力を用意します。

```
色を回答してください。

Q: バナナ
A:
```

この入力に対して、ChatGPT（GPT-4）は、次のように応答しました。

```
バナナの色は一般的に黄色です。
```

こちらの意図としては単に「黄色」と答えてほしかったのですが、文章として回答されてしまいました。そこで、「Few-shotプロンプティング」という手法を使ってみます。回答してほしい「バナナ」の前に、いくつか例を入れたプロンプトを作成します。

```
色を回答してください。

Q: りんご
A: 赤
Q: メロン
A: 緑
Q: バナナ
A:
```

このプロンプトをChatGPT（GPT-4）に与えると、次のように応答しました。

```
黄色
```

意図したとおり、「黄色」とシンプルに答えてくれましたね。プロンプトでいくつかデモンストレーションを与えることで、求める回答を得やすくなります。このような手法を、Few-shotプロンプティングと言います。LLMを使ったアプリケーション開発でLLMに特定の形式で応答してほしいことはとても多く、そのような場面でFew-shotプロンプティングはおおいに役立ちます。

Few-shotプロンプティングのように、プロンプト内のいくつかの例によって言語モデルにタスクを学ばせることを、In-context Learning（ICL）[注6]ということもあります。また、Few-shotプロンプティングのような形式で、とくに例が1つの場合はOne-shotプロンプティングと呼ぶこともあります。

注6　このIn-context Learningの定義は、A Survey on In-context Learning（https://arxiv.org/abs/2301.00234）を参考にしています。

Zero-shot Chain of Thoughtプロンプティング

プロンプトエンジニアリングの手法として、最後にZero-shot Chain of Thought（略してZero-shot CoT）プロンプティングを紹介します。

たとえば、次のプロンプトを用意します[注7]。

```
私は市場に行って10個のリンゴを買いました。隣人に2つ、修理工に2つ渡しました。それから5つのリンゴを買って1つ食べました。残りは何個ですか？
回答だけ答えてください。
```

このプロンプトに対して、ChatGPT（GPT-4）は次のように回答しました。

```
11個
```

実際には10－2－2＋5－1のように計算して「10個」が正解なので、ChatGPT（GPT-4）の回答は誤りです。

今度は、プロンプトの最後に「ステップバイステップで考えてみましょう。」というテキストを入れて、同じ問題に挑戦してもらいます。

```
私は市場に行って10個のリンゴを買いました。隣人に2つ、修理工に2つ渡しました。それから5つのリンゴを買って1つ食べました。残りは何個ですか？
ステップバイステップで考えてみましょう。
```

すると、ChatGPT（GPT-4）の応答は次のようになりました。

```
もちろんです、一緒に計算していきましょう。

1. 最初に10個のリンゴを市場で購入しました。
2. その後、隣人に2個のリンゴを渡しました。これにより、10 - 2 = 8個のリンゴが残ります。
3. さらに、修理工に2個のリンゴを渡しました。それにより、8 - 2 = 6個のリンゴが残ります。
4. その後、5個のリンゴを追加で購入しました。そのため、6 + 5 = 11個のリンゴがあります。
5. 最後に1個のリンゴを食べました。それにより、11 - 1 = 10個のリンゴが残ります。

したがって、最終的に10個のリンゴが残ります。
```

プロンプトでの指示どおりステップバイステップで考えて、最終的に正解となっています[注8]。

このように「ステップバイステップで考えてみましょう。」といった一言を追加することで、正確な応答を得やすくする手法を「Zero-shot Chain of Thought（Zero-shot CoT）プロンプティング」と言います。Zero-shot CoTプロンプティングは非常に簡単な手法ですが、多くのタスクで効果的

注7　Prompt Engineering Guideの例をもとに一部改変：https://www.promptingguide.ai/jp/techniques/cot

注8　もちろん、ステップバイステップで考えさせても必ず正解になるとは限りません。しかし、回答だけ答えてもらうよりも正解しやすくなります。

であると言われています。

なお、Zero-shot CoTプロンプティングと呼ぶのは、先に考案された「Chain of Thought (CoT) プロンプティング」では、Few-shotプロンプティングを使い、ステップバイステップで考える例をいくつか含めていたためです。

まとめ

この章では、本書を読み進めるのに必要なプロンプトエンジニアリングの基本を解説しました。プロンプトエンジニアリングの領域では、他にもさまざまな工夫が考えられています。興味を持って調べてみると、おもしろい発見も多いです。

プロンプトエンジニアリングは、人間相手に丁寧に指示を出すのと似ていると言われることもあります。LLMに対して丁寧に指示を出すことを考えてみると、自分なりの工夫が見つけられるかもしれません。

そして、プロンプトをたくさん工夫してもGPT-3.5では指示に従わず、GPT-4にすると見事に指示どおり動くということも少なくありません。もしGPT-3.5がプロンプトになかなか従ってくれない場合は、GPT-4で同じプロンプトを試すと、その性能の違いを体験しやすいです。

第 3 章

ChatGPTを APIから利用するために

この章では、ChatGPTをAPIから使う方法を解説します。ChatGPTのAPIを利用するうえで必要な、OpenAIの文章生成モデルの基本から始めて、APIを使ううえで押さえておきたいトークン数や料金、2023年6月に登場した新機能「Function calling」まで解説します。この章を読むことで、ChatGPTのAPIの基礎知識を一通り押さえることができます。
この章の後半は、Google Colabを使って実際にコードを実行しながら読み進めることができます。ぜひ自分の手元でも動かしてみてください。

3.1 OpenAIの文書生成モデル

この章では、ChatGPTをAPIから利用する方法について解説します。まずはOpenAIの文章生成に使えるモデルの概要から説明します。

ChatGPTにおける「モデル」

ChatGPTは、本書執筆時点（2023年8月）では、無料プランではGPT-3.5というモデルしか使えません。しかし、有料プラン「ChatGPT Plus」に入ると、GPT-3.5とGPT-4という「モデル」が選択できるようになります。

図3.1　ChatGPT

GPT-4はGPT-3.5と比べてはるかに高性能で、GPT-3.5にはできないタスクもこなしてくれます。なお、ChatGPT Plusに登録している場合、設定からBeta機能を有効にすると、GPT-4でPluginsやAdvanced data analysisといった機能を利用することもできます。本書を読み進めるうえでは必要ありませんが、ChatGPT Plusに入っていない方は、ぜひ登録してみることをおすすめします。

GPT-4やGPT-3.5は、このようにChatGPTのUIから使うこともできれば、APIとして使うこともできます。GPT-4やGPT-3.5を使ったアプリケーションを開発する際は、ChatGPTのUIではなく、APIを使うことになります。

OpenAIのAPIで使える文書生成モデル

GPT-4やGPT-3.5は、実際にはモデルの集まり（モデルファミリー）を指します。実際にAPIを使うときは、gpt-4、gpt-4-32k、gpt-3.5-turbo、text-davinci-003といった名前でモデルを指定します。ここではわかりやすいよう、現在は基本的に使用しないGPT-3のモデルも含めて整理しました。

図3.2　OpenAIの文章生成モデル

モデルファミリー	モデル	最大トークン数	料金（$/1K tokens）
GPT-4	gpt-4	8,192（8K）	Input：0.03、Output：0.06
	gpt-4-32k	32,768（32K）	Input：0.06、Output：0.12
GPT-3.5	gpt-3.5-turbo	4,096（4K）	Input：0.0015、Output：0.002
	gpt-3.5-turbo-16k	16,384（16K）	Input：0.003、Output：0.004
	text-davinci-003 (Legacy)	4,097	0.02
	text-davinci-002 (Legacy)	4,097	0.02
GPT-3	text-curie-001 (Legacy)	2,049	0.002
	text-babbage-001 (Legacy)	2,049	0.0005
	text-ada-001 (Legacy)	2,049	0.0004

それまでに使えたtext-davinci-003などと比べて非常に安価で衝撃を与えた

高性能・高価

もともとはこのような性能・料金トレードオフだった

低性能・安価

※「Models」(https://platform.openai.com/docs/models)、「Pricing」https://openai.com/pricing、「Deprecations」(https://platform.openai.com/docs/deprecations/) をもとに作成。

gpt-3.5-turboの登場以前は、text-ada-001、text-babbage-001、text-curie-001、text-davinci-003（おそらくABC順で命名）といったモデルが、性能が高いほど料金も高いというトレードオフの関係にありました。そんななか、2023年3月にgpt-3.5-turboが登場し、text-davinci-003の10分の1という非常に安価な料金で話題となりました。また、現在ではgpt-4という非常に高性能なモデルも一般利用可能となりラインアップに加えられています。

図3.2内の表において、text-davinci-003より下のモデルについてはすでにLegacyとされており、性能や料金の観点からも、執筆時点（2023年8月）ではgpt-4、gpt-4-32k、gpt-3.5-turbo、gpt-3.5-turbo-16kのいずれかを使うのが望ましいです。料金の詳細は後述しますが、これらのモデルごとに異なる料金が設定されています。

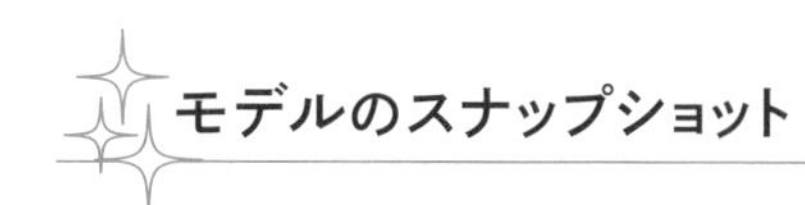

モデルのスナップショット

gpt-3.5-turboとgpt-4のモデルは、公開された時点のまま変化がないわけではなく、継続的にアップグレードされています。モデルの特定のバージョンは、gpt-4-0613、gpt-4-32k-0613、gpt-3.5-turbo-0613、gpt-3.5-turbo-16k-0613といった、日付を含むスナップショットとして提供されています。

API使用時にgpt-3.5-turboのように指定した場合、執筆時点ではgpt-3.5-turbo-0613を指定するのと同じモデルを指します。ただし、今後新しいモデルのスナップショットが登場すると、その後しばらくしてgpt-3.5-turboが新しいモデルのスナップショットを指すことになります。

実際に、gpt-3.5-turbo-0613が公開された際は、2週間後の6月27日からgpt-3.5-turboがgpt-3.5-turbo-0613を指すようになりました(それまではgpt-3.5-turboはgpt-3.5-turbo-0301を指していました)。

3.2 ChatGPTのAPIの基本

OpenAIの文章生成APIには、「Completions API」と「Chat Completions API」の2つがあります。モデルによって、「Completions API」と「Chat Completions API」のどちらで使えるのか決まっています。そこで、OpenAIの文章生成モデルとAPIの対応を図に整理しました。

図3.3 OpenAIの文章生成モデルの一覧とAPIの対応

モデルファミリー	モデル
GPT-4	gpt-4
	gpt-4-32k
GPT-3.5	gpt-3.5-turbo
	gpt-3.5-turbo-16k
	text-davinci-003 (Legacy)
	text-davinci-002 (Legacy)
GPT-3	text-curie-001 (Legacy)
	text-babbage-001 (Legacy)
	text-ada-001 (Legacy)

Chat Completions API
/v1/chat/completions
(gpt-4 〜 gpt-3.5-turbo-16k)

Completions API (Legacy)
/v1/completions
(text-davinci-003 〜 text-ada-001)

Chat Completions APIが登場して以来、性能・料金の観点からChat Completions APIを使うのが一般的となりました。さらに、2023年7月6日時点で、Completions APIはLegacyなAPIとされ、OpenAI公式の姿勢としても今後はChat Completions APIに注力する方針となっています[注1]。そこ

注1 参考:GPT-4 API general availability and deprecation of older models in the Completions API
https://openai.com/blog/gpt-4-api-general-availability

で本書でもCompletions APIは後ほどコラムで少しふれる程度にとどめ、Chat Completions APIを中心に解説することにします。

Chat Completions API

Chat Completions APIの詳細な使い方は後ほど説明しますが、ここで概要を説明します。非常に簡単にいえば、ChatGPTのUIを使うときと同じように、「入力のテキストを与えて応答のテキストを得る」という使い方になります。

たとえば、Chat Completions APIへのリクエストの例は次のようになります。

```
{
  "model": "gpt-3.5-turbo",
  "messages": [
    {"role": "system", "content": "You are a helpful assistant."},
    {"role": "user", "content": "Hello!"}
  ]
}
```

Chat Completions APIでは、messagesという配列の各要素にロールごとのコンテンツを入れる形式となっています。たとえば上記の例の場合、「"role": "system"」としてLLMの動作についての指示を与えて、さらに「"role": "user"」として対話のための入力メッセージを与えています。

また、「"role": "assistant"」も使用して、次のようにuserとassistant（LLM）の会話履歴を含めたリクエストを送ることもよくあります。

```
{
  "model": "gpt-3.5-turbo",
  "messages": [
    { "role": "system", "content": "You are a helpful assistant. "},
    { "role": "user", "content": "Hello! I'm John. "},
    { "role": "assistant", "content": "Hello John! How can I assist you today? "},
    { "role": "user", "content": "Do you know my name? "}
  ]
}
```

実はChat Completions API自体はステートレスであり、ブラウザ上で使えるChatGPTと違い、会話履歴を踏まえて応答する機能は持っていません。会話履歴を踏まえて応答してほしい場合は、このように過去のやりとりをすべてリクエストに含める必要があるのです。

上記のリクエストに対して、たとえば次のようなレスポンスを得られます。

```
{
  "id": "chatcmpl-7eNWHpexM19LT4nZuvAzr31YtMU1p",
  "object": "chat.completion",
  "created": 1689857885,
  "model": "gpt-3.5-turbo-0613",
  "choices": [
    {
      "index": 0,
      "message": {
        "role": "assistant",
        "content": "Yes, you mentioned earlier that your name is John. How may I
assist you today, John?"
      },
      "finish_reason": "stop"
    }
  ],
  "usage": {
    "prompt_tokens": 47,
    "completion_tokens": 20,
    "total_tokens": 67
  }
}
```

このレスポンスの例では、choicesという配列の要素のmessageのcontentである「Yes, you mentioned earlier that your name is John. How may I assist you today, John?」が、LLMが生成した文章になります。レスポンスの最後のあたりのusageの箇所には、prompt_tokensつまり入力のトークン数、completion_tokensつまり出力のトークン数、total_tokensつまり合計のトークン数が含まれています。この入力と出力のトークン数によって料金が発生します。トークン数については後ほど説明します。まずは単語数や文字数に近い数値だと思っておいてください。

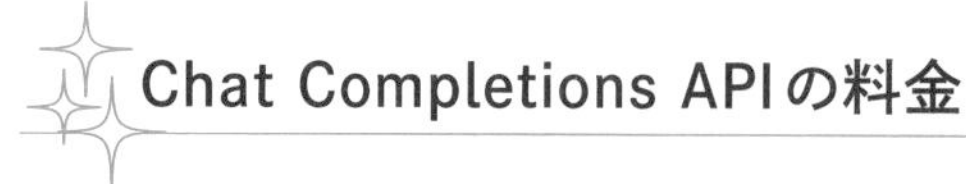

Chat Completions APIの料金

執筆時点では、Chat Completions APIの料金は表3.1のようになっています。

表3.1 Chat Completions APIの料金

モデルファミリー	モデル	最大トークン数	料金（$/1K tokens）
GPT-4	gpt-4	8,192（8K）	Input：0.03、Output：0.06
	gpt-4-32k	32,768（32K）	Input：0.06、Output：0.12
GPT-3.5	gpt-3.5-turbo	4,096（4K）	Input：0.0015、Output：0.002
	gpt-3.5-turbo-16k	16,384（16K）	Input：0.003、Output：0.004

gpt-3.5-turboは最大で4,096（4K）トークンまでとなっており、入力1Kトークンあたり0.0015

ドル、出力1Kトークンあたり0.002ドルとなっています。最大16,384（16K）トークンまで使用可能なgpt-3.5-turbo-16kの場合は、入力・出力ともにgpt-3.5-turboの2倍の料金となっています。

また、gpt-4は最大で8,192（8K）トークンまでとなっており、入力1Kトークンあたり0.03ドル、出力1Kトークンあたり0.06ドルとなっています。gpt-4はgpt-3.5-turboの20〜30倍の料金ということです。さらに、最大32,768（32K）トークンまで使用可能なgpt-4-32kの場合は、入力・出力ともにgpt-4の2倍の料金となっています。

発生した料金の確認

実際に発生した料金については、OpenAIのWebサイトにログインして「Usage」の画面にアクセスすることで確認できます。

図3.4　Usage

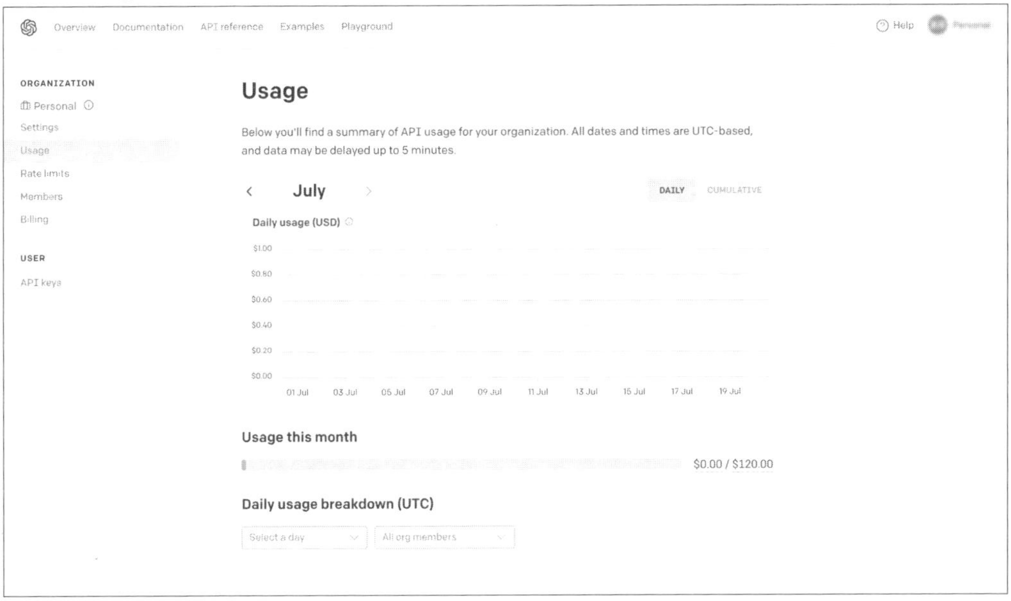

この画面では、Free Trialの状況も確認できます。執筆時点では、アカウント作成後3か月間有効な無料クレジットが付与されます。もしも無料クレジットが残っている場合は、そのままFree TrialでAPIを使うことができます。無料クレジットが残っていない場合は、支払いの登録が必要になります。画面の指示に従って支払いの登録をしてください。支払いの登録が完了すると、「Usage」の画面で使用料を確認できるようになります。

なお、「Billing」の「Usage limits」の画面から、それ以降のリクエストが拒否されるハードリミットと、通知メールが送信されるソフトリミットを設定可能となっています。必要に応じて設定してください。

図3.5 Usage limits

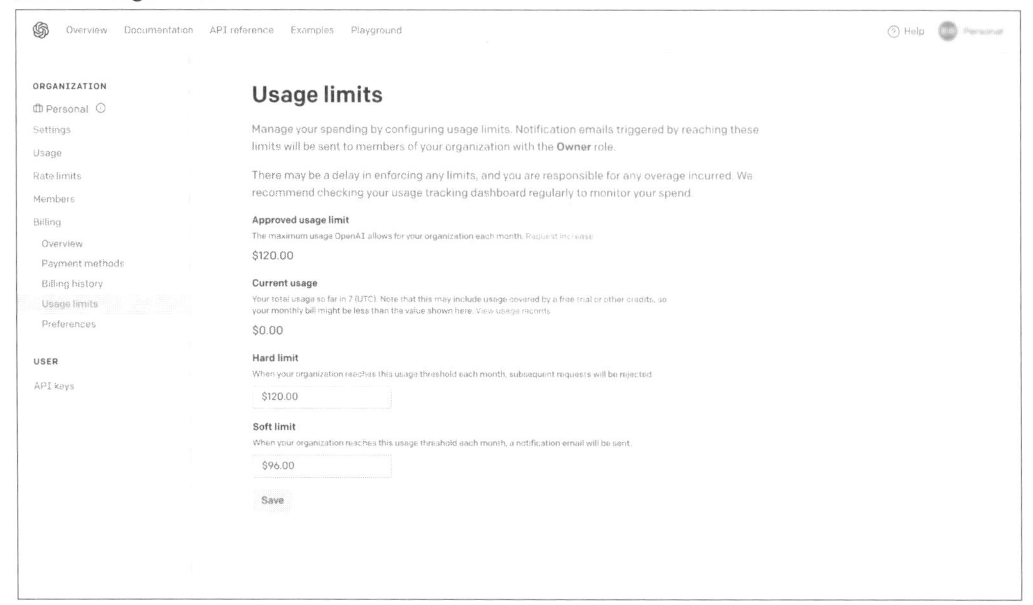

入出力の長さの制限や課金に影響する「トークン」

トークン

GPT-3.5やGPT-4といったモデルは、テキストを「トークン」という単位に分割して扱います。トークンは必ずしも単語と一致するわけではなく、たとえば「ChatGPT」は「Chat」「G」「PT」という3つのトークンに分割されたりします。OpenAIの公式ドキュメントでは、経験則として、英語のテキストの場合、1トークンは4文字から0.75単語程度とされています[注2]。

注2 「Tokens」https://platform.openai.com/docs/introduction/tokens

Tokenizerとtiktokenの紹介

Chat Completions APIのレスポンスを見ると、入力と出力のトークン数が実際にいくつだったのか確認することができます。しかし、Chat Completions APIを呼び出すことなくトークン数を把握したいことも多いです。そんなときに使えるのが、OpenAIのTokenizerとtiktokenです。

OpenAIがWebサイトで提供しているTokenizer (https://platform.openai.com/tokenizer) を使うと、入力したテキストがトークンとしてどのように分割され、トークン数はいくつなのかを確認できます。ただし、執筆時点でこちらのTokenizerが対応しているモデルはGPT-3とCodex (すでに非推奨のコード生成モデル) であり、gpt-3.5-turboやgpt-4の場合とは異なるトークン数が表示されます。

図3.6 Tokenizer

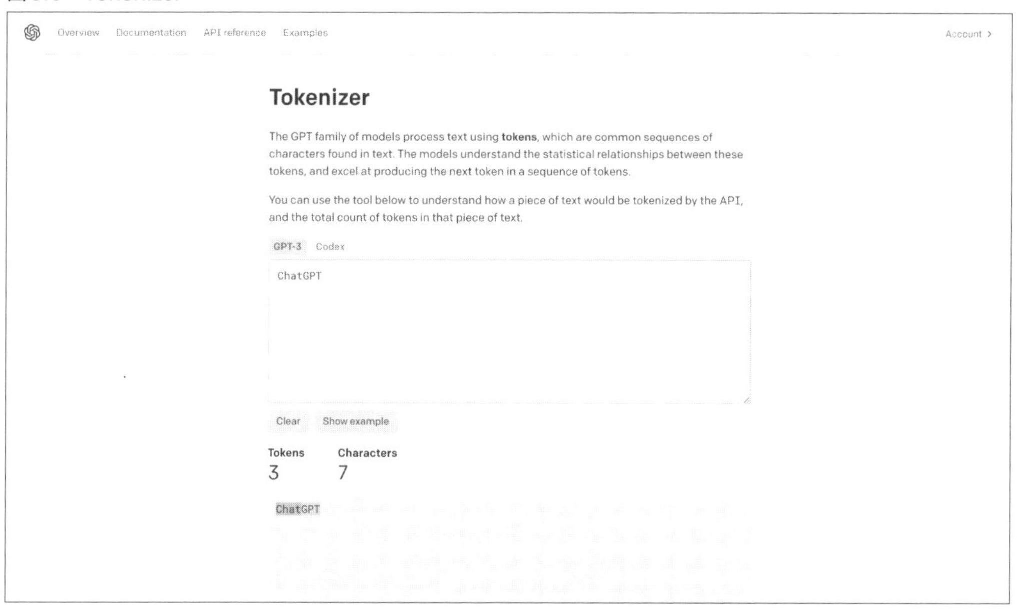

OpenAIが公開しているPythonパッケージのtiktoken (https://github.com/openai/tiktoken) を使用すると、Pythonのプログラムでトークン数を確認することができます。先に紹介したTokenizerと異なり、tiktokenではgpt-3.5-turboやgpt-4の場合のトークン数も確認することができます。tiktokenのパッケージをインストールして、次のようなコードを書くことで、トークン数を確認することができます。

```
import tiktoken

text = "LLMを使ってクールなものを作るのは簡単だが、プロダクションで使えるものを作るのは非常に難しい。"

encoding = tiktoken.encoding_for_model("gpt-3.5-turbo")
tokens = encoding.encode(text)
print(len(tokens))
```

textの内容はhttps://huyenchip.com/2023/04/11/llm-engineering.htmlから引用して翻訳

この例では、トークン数は「49」と表示されます。

日本語のトークン数について

先述したとおり、英語のテキストの場合、経験則として1トークンは4文字から0.75単語程度とされています。言い換えると、単語1つにつき1〜数トークン程度ということになります。一方で、日本語の場合は同じ内容のテキストでもトークン数が多くなりやすいといわれています。たとえば、「LLMを使ってクールなものを作るのは簡単だが、プロダクションで使えるものを作るのは非常に難しい。」というテキストのトークン数を日本語と英語で比較すると、表3.2のようになります（tiktokenを使い、gpt-3.5-turboの場合で確認しました）。

表3.2 日本語と英語のトークン数の比較

テキスト	トークン数
LLMを使ってクールなものを作るのは簡単だが、プロダクションで使えるものを作るのは非常に難しい。	49
It's easy to make something cool with LLMs, but very hard to make something production-ready with them.	23

この例では日本語のテキストは48文字で49トークンであり、1文字につき1トークン程度となっています。このように日本語では英語よりもトークン数が多くなりやすいです。そのため、トークン数を削減する目的では、日本語よりも英語を使うのが望ましいといわれています。

3.4 Chat Completions APIにふれる環境の準備

Chat Completions APIの概要や料金について理解したところで、ここから、実際にChat Completions APIにふれていきます。まずはAPIにふれるための環境を準備します。

Google Colabとは

Google Colab (正式名称：Google Colaboratory) は、ブラウザ上でPythonなどのコードを入力して、その場でコードを実行できるサービスです。行の先頭に「!」を付けるとLinuxのシェルコマンドを実行することもできてとても便利です。Googleアカウントがあれば非常に簡単に使い始めることができます。そこでこの章と次章では、Google Colabを使ってコードを書いていきます。

Google Colabのノートブック作成

Google Driveの適当なフォルダで、右クリックして、「その他」から「Google Colaboratory」を選択してください。もしも「その他」に見つからない場合、「アプリを追加」から「Google Colaboratory」を検索して追加してください。

図3.7 Google DriveでGoogle Colaboratoryの追加

すると、次の画面が開きます。

図3.8 Google Colab

こちらがGoogle Colabです。ここにPythonのコードを書いて実行することができます。書いた内容は、Google Driveに保存されます。

まずはPythonのコードが動くことを確認するため、Hello Worldを実行しましょう。

```
print("Hello World")
```

コードを書いたら、実行したいコードにカーソルがある状態でShift＋Enterを押下して実行するか、コードのエリアの左側に表示されている を押下して実行します。しばらくするとランタイムが起動し、「Hello World」と表示されます。

図3.9 PythonのHello World

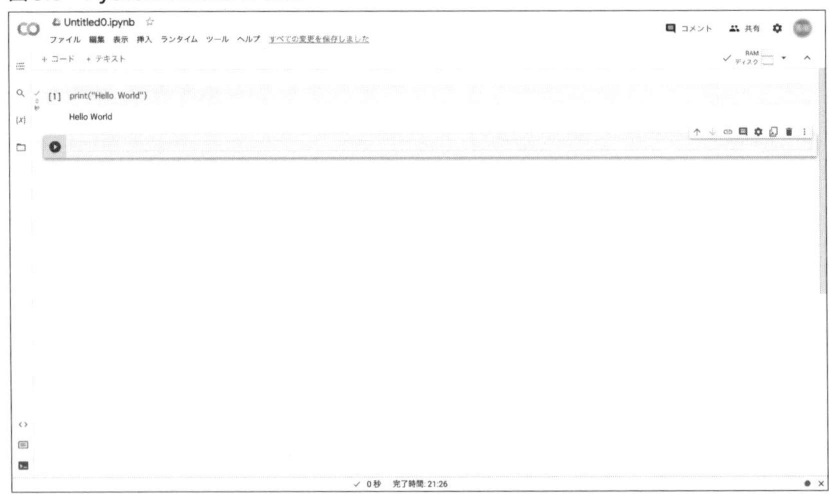

このように、Google Colabを使うと、Pythonでちょっとしたコードを書く環境を非常に簡単に用意できます。

OpenAIのAPIキーの準備

Chat Completions APIを使うためには、OpenAIのAPIキーが必要です。そこで、OpenAIのAPIキーを準備します。

OpenAIのWebサイト（https://openai.com/）にアクセスし、画面右上の「Sign up」からアカウントを作成するか「Log in」でログインしてください。

図3.10　OpenAIのWebサイト

ログインすると、サービスを選択する画面になります。この画面で「API」を選択してください。

図3.11 OpenAIのログイン後の画面

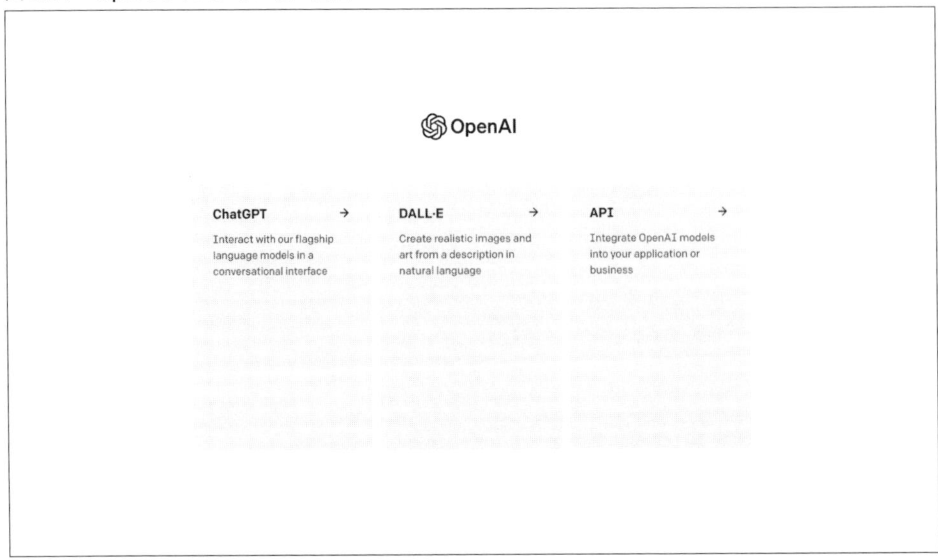

すると、開発者向けの画面に遷移します。

図3.12 OpenAIの開発者向けの画面

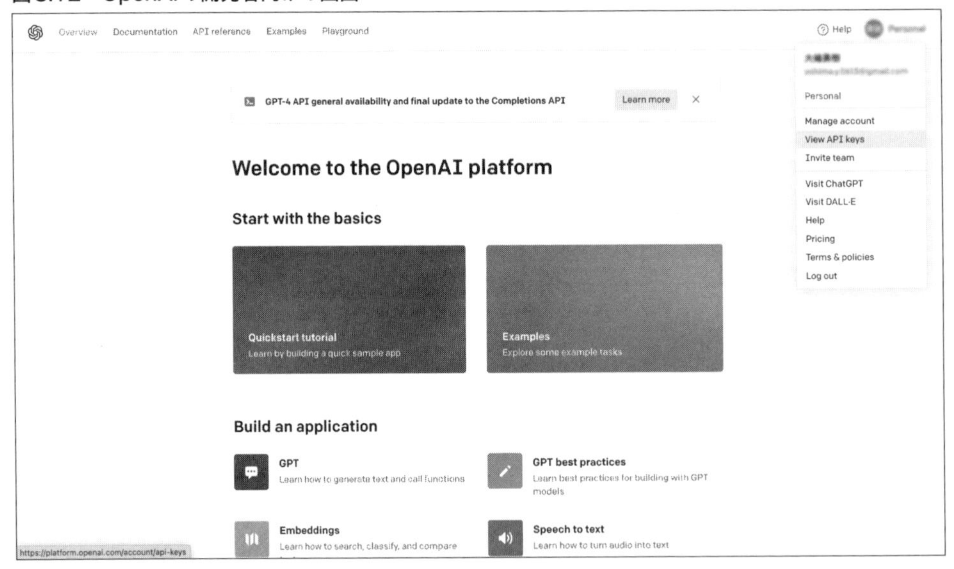

画面右上のアイコンをクリックして、「View API keys」を選択すると、APIキーの一覧画面に遷移します。

図3.13　API Keys

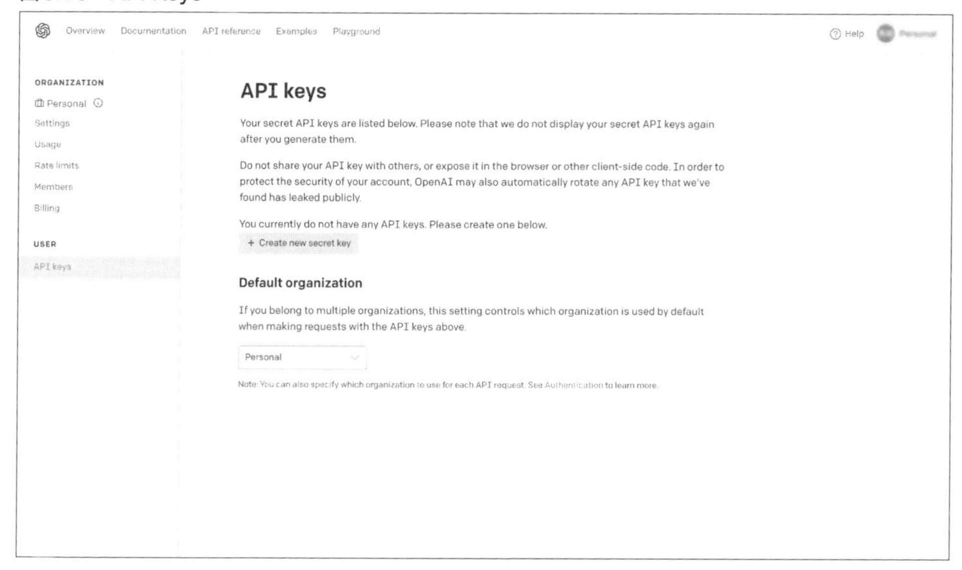

この画面で「Create new secret key」をクリックすることで、OpenAIのAPIキーを発行することができます。

図3.14　Create new secret key

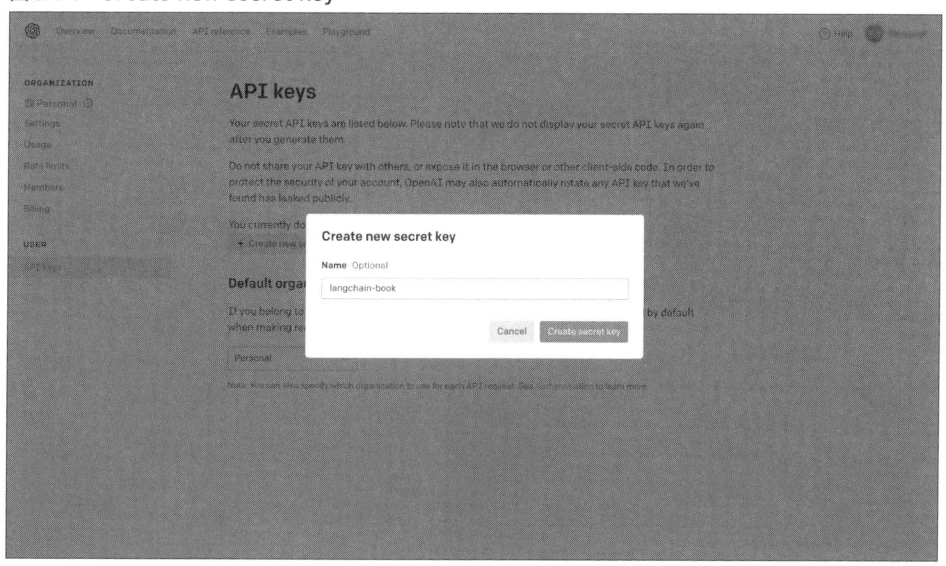

適当な名前をつけてAPIキーを発行してください。ここでは「langchain-book」としました。

図3.15 発行したAPIキーの確認

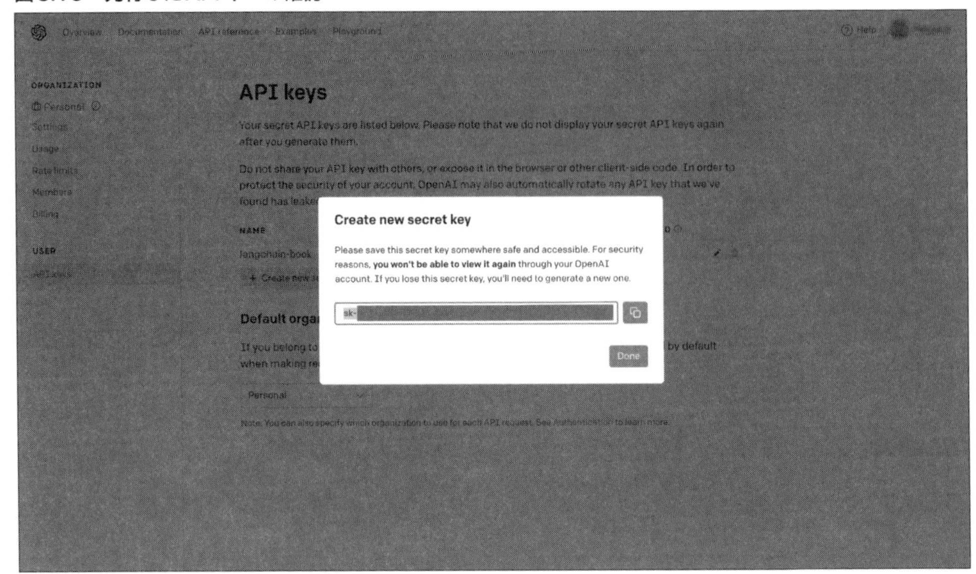

こちらのAPIキーの取り扱いには十分注意してください。APIキーが発行されたらコピーして、Google Colabを開きましょう。

OpenAIのPythonライブラリや、次章から解説するLangChainは、OpenAIのAPIキーとして、OPENAI_API_KEYという名前の環境変数を使うようになっています。そこで、コピーしたAPIキーをOPENAI_API_KEYという名前の環境変数に設定します。

```
import os
os.environ["OPENAI_API_KEY"] = "your-openai-api-key"
```

このコードを実行すれば、APIキーの準備は完了です。

3.5 Chat Completions APIをさわってみる

OpenAIのライブラリ

Chat Completions APIを使うためには、通常、OpenAIのライブラリを使用することになります。OpenAI公式からPythonとNode.jsのライブラリが提供されており、その他にもコミュニティからさまざまな言語のライブラリが提供されています。この章では、OpenAI公式のPythonライブラリ[注3]を使用します。

Google Colabで次のコマンドを実行することで、OpenAIのライブラリをインストールできます。

```
!pip install openai==0.28.0
```

Chat Completions APIの呼び出し

まずは非常にシンプルな例で、gpt-3.5-turboから応答を得てみます。次のコードを記述してください。

```
import openai

response = openai.ChatCompletion.create(
  model="gpt-3.5-turbo",
  messages=[
    {"role": "system", "content": "You are a helpful assistant."},
    {"role": "user", "content": "Hello! I'm John."}
  ]
)

print(response)
```

OpenAIのライブラリは、環境変数OPENAI_API_KEYから取り出したAPIキーを使用してリクエストを送ります。リクエストには、最低限modelとmessagesを含めることになります。modelには、gpt-3.5-turboやgpt-4といったモデルの名前を指定します。messagesというリストの各要素には、ロールごとのコンテンツ（テキスト）を入れます。たとえば上記の例の場合、「"role":

注3　「Python library」https://platform.openai.com/docs/libraries

"system"」としてLLMの動作についての指示を与えて、そのうえで「"role": "user"」として対話のための入力テキストを与えています。

上記のコードを実行すると、次のようなレスポンスが得られます(レスポンスの内容は実行するたびに異なる場合があります)。

```
{
  "id": "chatcmpl-7eNV4Gbn9jvlzc3ZgVifIo2lSA56i",
  "object": "chat.completion",
  "created": 1689857810,
  "model": "gpt-3.5-turbo-0613",
  "choices": [
    {
      "index": 0,
      "message": {
        "role": "assistant",
        "content": "Hello John! How can I assist you today?"
      },
      "finish_reason": "stop"
    }
  ],
  "usage": {
    "prompt_tokens": 23,
    "completion_tokens": 10,
    "total_tokens": 33
  }
}
```

レスポンスのうち、choicesという配列の要素の、messageのcontentを参照すると、LLMが生成したテキスト「Hello John! How can I assist you today?」が含まれています。このように、モデルを指定して入力のテキストに対して応答のテキストを得るという点では、ChatGPTと同じです。

会話履歴を踏まえた応答を得る

前述のようにChat Completions APIはステートレスであり、会話履歴を踏まえて応答する機能は持っていません。会話履歴を踏まえて応答してほしい場合は、過去のやりとりをリクエストに含める必要があります。人間の入力を「"role": "user"」、AIの入力を「"role": "assistant"」として、たとえば次のようなリクエストを送ります。

```
response = openai.ChatCompletion.create(
  model="gpt-3.5-turbo",
  messages=[
    {"role": "system", "content": "You are a helpful assistant."},
```

```
        {"role": "user", "content": "Hello! I'm John."},
        {"role": "assistant", "content": "Hello John! How can I assist you today?"},
        {"role": "user", "content": "Do you know my name?"}
    ]
)

print(response)
```

「私はジョンです。」と自己紹介したあと、あらためて「私の名前がわかりますか？」と聞くという流れです。この内容で実行してみます。


```
{
  "id": "chatcmpl-7eNWHpexM19LT4nZuvAzr31YtMU1p",
  "object": "chat.completion",
  "created": 1689857885,
  "model": "gpt-3.5-turbo-0613",
  "choices": [
    {
      "index": 0,
      "message": {
        "role": "assistant",
        "content": "Yes, you mentioned earlier that your name is John. How may I
assist you today, John?"
      },
      "finish_reason": "stop"
    }
  ],
  "usage": {
    "prompt_tokens": 47,
    "completion_tokens": 20,
    "total_tokens": 67
  }
}
```


すると、応答のテキストは「Yes, you mentioned earlier that your name is John. How may I assist you today, John?」となっており、会話履歴を踏まえて「あなたはジョンだと言っていましたね」と回答してくれました。

ストリーミングで応答を得る

ChatGPTでは、GPT-3.5やGPT-4の応答が徐々に表示されます。同じように、Chat Completions APIでもストリーミングで応答を得ることができます。実装方法は簡単で、リクエストに`stream=True`というパラメータを追加するだけです。ストリーミングで応答を得るサンプルコードは次のようになります。

```
response = openai.ChatCompletion.create(
  model="gpt-3.5-turbo",
  messages=[
    {"role": "system", "content": "You are a helpful assistant."},
    {"role": "user", "content": "Hello! I'm John."}
  ],
  stream=True
)

for chunk in response:
  choice = chunk["choices"][0]
  if choice["finish_reason"] is None:
    print(choice["delta"]["content"])
```

このコードを実行すると、次の内容が少しずつ表示されます。

```
Hello
 John
!
 How
 can
 I
 assist
 you
 today
?
```

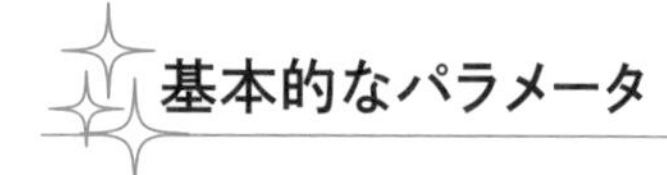

基本的なパラメータ

ここで、Chat Completions APIでmodel、messages、stream以外に指定できるパラメータをいくつか紹介します。

表3.3　Chat Completions APIのパラメータの一部

パラメータ名	概要	デフォルト値
temperature	0〜2の間の値で、大きいほど出力がランダムになり、小さいほど決定的になる	1
n	生成されるテキストの候補の数（レスポンスのchoicesの要素の数）	1
stop	登場した時点で生成を停止する文字列（またはその配列）	null
max_tokens	生成する最大トークン数	16
user	OpenAIからのフィードバックに役立つエンドユーザのID	なし

Chat Completions APIには他にもパラメータが存在します。詳しくは公式のAPI Reference（https://platform.openai.com/docs/api-reference/chat/create）を参照してください。

COLUMN

Completions API

gpt-3.5-turboより前のモデルでは、Chat Completions APIではなくCompletions APIを使うことになります。Completions APIは執筆時点ですでにLegacyとなっていますが、ここで概要のみ紹介します。

Completions APIは、たとえば次のように使用します。

```
response = openai.Completion.create(
  model="text-davinci-003",
  prompt="Hello! I'm John."
)

print(response)
```

このコードを実行すると、次のような応答が得られます。

```
{
  "id": "cmpl-7ezIPtDoB1yq4RkWYwtflw7ERUOY2",
  "object": "text_completion",
  "created": 1690003097,
  "model": "text-davinci-003",
  "choices": [
    {
      "text": "\n\nNice to meet you, John!",
      "index": 0,
      "logprobs": null,
      "finish_reason": "stop"
    }
  ],
  "usage": {
    "prompt_tokens": 6,
    "completion_tokens": 9,
    "total_tokens": 15
  }
}
```

Chat Completions APIと異なり、Completions APIでは入力は1つのプロンプトだけです。Completions APIもステートレスであり、会話履歴を踏まえて応答する機能はありません。そのため、たとえば会話履歴を踏まえた応答を得たい場合は、次のように1つのプロンプトに会話履歴を含めることになります。

```
Human: Hello! I'm John.
AI: Nice to meet you, John!
Human: Do you know my name?
AI:
```

Completions API自体は今後使わないかもしれませんが、たとえばOpenAI以外のLLMではこのように入力が1つのプロンプトだけということが多いです。その場合、上記のように1つの入力プロンプトに会話履歴を含めるといった工夫をすることになります。

3.6 Function calling

Function callingの概要

Function callingは、2023年6月13日に追加されたChat Completions APIの新機能です。簡単にいえば、利用可能な関数をLLMに伝えておいて、LLMに「関数を使いたい」という判断をさせる機能です（LLMが関数を実行するわけではなく、LLMは「関数を使いたい」という応答を返してくるだけです）。

第5章で説明しますが、LangChainにはLLMが必要に応じて関数を使えるようにする「Agents」という機能があります。そのような機能がChat Completions API自体に実装され、そのためにモデルがファインチューニングされたのがFunction callingです。

Function callingを使い、関数の実行をはさんだLLMとのやりとりを図にすると、次のようになります。

図3.16　Function callingの流れ

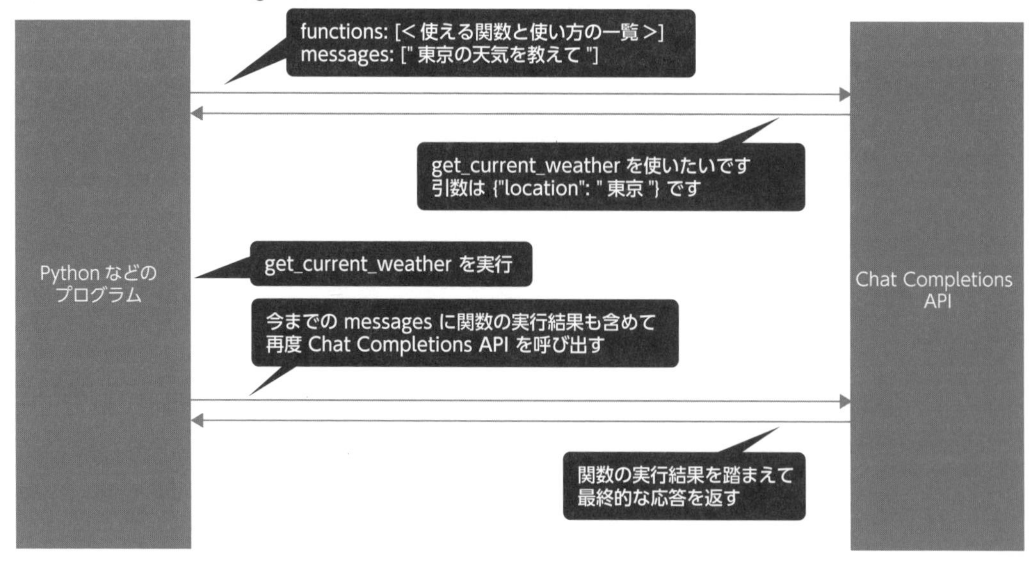

処理の流れとしては、まず、利用可能な関数の一覧とともに、質問などのテキストを送信します。それに対しLLMが「関数を使いたい」という応答をしてきたら、Pythonなどのプログラムで該当の関数を実行します。その実行結果を含めたリクエストを再度LLMに送ると、最終的な回答が得られる、という流れです。押さえておきたいのは、LLMはどんな関数をどう使いたいか返してくれるだけで、関数の実行はPythonなどを使ってChat Completions APIの利用者側で実行する必要がある、という点です。

Function callingのサンプルコード

Function callingについては、OpenAIの公式ドキュメント（https://platform.openai.com/docs/guides/gpt/function-calling）にサンプルコードがあります。ここではこのサンプルコードをもとに、一部改変したコードを少しずつ実行していくことにします。

まず、get_current_weatherという地域を指定して天気を得られるPythonの関数を定義します[注4]。

```
import json

def get_current_weather(location, unit="celsius"):
  weather_info = {
    "location": location,
    "temperature": "25",
    "unit": "celsius",
    "forecast": ["sunny", "windy"],
  }
  return json.dumps(weather_info)
```

続いて、LLMが使用できる関数の一覧を定義します。たとえば、get_current_weatherという名前の関数について、説明やパラメータを定義します。

```
functions = [
  {
    "name": "get_current_weather",
    "description": "Get the current weather in a given location",
    "parameters": {
      "type": "object",
      "properties": {
        "location": {
          "type": "string",
          "description": "The city and state, e.g. Tokyo",
```

注4　実際にこのような関数を実装する場合、APIにアクセスして現在の天気の情報を取得するような実装になるはずです。しかしここではサンプルとして、関数の中に書かれた天気や気温の値を返しています。

```
        },
        "unit": {
          "type": "string",
          "enum": ["celsius", "fahrenheit"]
        },
      },
      "required": ["location"],
    },
  }
]
```

続いて、「What's the weather like in Tokyo?」つまり「東京の天気はどうですか？」という質問でChat Completions APIを呼び出します。その際、使える関数の一覧をfunctionsという引数で渡します。

```
messages = [
  {"role": "user", "content": "What's the weather like in Tokyo?"}
]

response = openai.ChatCompletion.create(
  model="gpt-3.5-turbo",
  messages=messages,
  functions=functions
)

print(response)
```

このリクエストに対して、次のような応答が得られます。

```
{
  "id": "chatcmpl-7eOI5pz49euDhd3rO50CT7E1p1x5I",
  "object": "chat.completion",
  "created": 1689860849,
  "model": "gpt-3.5-turbo-0613",
  "choices": [
    {
      "index": 0,
      "message": {
        "role": "assistant",
        "content": null,
        "function_call": {
          "name": "get_current_weather",
          "arguments": "{\n  \"location\": \"Tokyo\"\n}"
        }
      },
      "finish_reason": "function_call"
    }
  ],
```

今までの実行例ではLLMが生成したテキストはここに含まれていた

「get_current_weatherを、こんな引数で実行したい」と書かれている

```
  "usage": {
    "prompt_tokens": 79,
    "completion_tokens": 17,
    "total_tokens": 96
  }
}
```


今までの実行例ではLLMが生成したテキストはchoicesの要素のmessageのcontentに含まれていましたが、その箇所がnullとなっています。その代わりに、function_callという要素があり、「`get_current_weather`を、こんな引数で実行したい」という内容が書かれています。与えられた関数の一覧と入力のテキストから、LLMは、この質問に答えるためには`get_current_weather`を「`{"location": "Tokyo"}`」という引数で実行する必要があると判断した、ということです。

ただし、LLMには、Pythonなどの関数を実行する能力はありません。そこで、この関数はこちらで実行してあげる必要があります。LLMが指定した引数を解析して、該当の関数を呼び出します。

```
response_message = response["choices"][0]["message"]

available_functions = {
  "get_current_weather": get_current_weather,
}
function_name = response_message["function_call"]["name"]
fuction_to_call = available_functions[function_name]
function_args = json.loads(response_message["function_call"]["arguments"])

function_response = fuction_to_call(
  location=function_args.get("location"),
  unit=function_args.get("unit"),
)

print(function_response)
```

これを実行すると、次の結果が得られます。

```
{"location": "Tokyo", "temperature": "25", "unit": "celsius", "forecast": ["sunny",
"windy"]}
```

東京は気温が25℃で予報は晴れ・曇りとなっています。繰り返しになりますが、これは単にPythonで関数を実行しただけです。LLMは関数を実行することはできないため、LLMが使いたいと判断した関数を、LLMの利用者側でPythonで実行してあげた、ということです。

Pythonで関数の実行結果が得られたら、LLMに再度リクエストを送るため、messagesを準備します。最初に送ったリクエストでは、「`messages = [{"role": "user", "content": "What's the weather like in Tokyo?"}]`」となっていました。ここに、LLMの応答のmessageを追加し、さらに関数の実行結果を「"role": "function"」として追加します。

```
messages.append(response_message)
messages.append(
  {
    "role": "function",
    "name": function_name,
    "content": function_response,
  }
)
```

この時点で、messagesの内容は次のようになっています。

```
[
  {
    "role": "user",
    "content": "What's the weather like in Tokyo?"
  },
  {
    "role": "assistant", "content": null,
    "function_call": {
      "name": "get_current_weather",
      "arguments": "{\n\"location\": \"Tokyo\",\n\"unit\": \"celsius\"\n}"
    }
  },
  {
    "role": "function",
    "name": "get_current_weather",
    "content": "{\"location\": \"Tokyo\", \"temperature\": \"25\", \"unit\":
\"celsius\", \"forecast\": [\"sunny\", \"windy\"]}"
  }
]
```

このmessagesを使って、もう一度Chat Completions APIにリクエストを送ります。

```
second_response = openai.ChatCompletion.create(
  model="gpt-3.5-turbo",
  messages=messages,
)

print(second_response)
```

すると、最終的な回答として、先ほどの関数の実行結果も踏まえて東京の天気を回答してくれます。

```
{
  "id": "chatcmpl-7eOOH4USU2kNLMkrFGvtx95Xl7K0p",
  "object": "chat.completion",
  "created": 1689861233,
```

```
  "model": "gpt-3.5-turbo-0613",
  "choices": [
    {
      "index": 0,
      "message": {
        "role": "assistant",
        "content": "The current weather in Tokyo is 25 degrees Celsius. It is sunny
and windy."
      },
      "finish_reason": "stop"
    }
  ],
  "usage": {
    "prompt_tokens": 78,
    "completion_tokens": 17,
    "total_tokens": 95
  }
}
```

このように、Function callingを使用すると、LLMが必要に応じて「関数を使いたい」と判断し、その引数まで考えてくれます。その内容を踏まえて、こちらで関数を実行して、実行結果を含めて再度LLMを呼び出せば、LLMが最終的な回答を返してくれるわけです。

パラメータ「function_call」

Function callingの登場とともに、Chat Completions APIのリクエストに「function_call」というパラメータが追加されました。function_callというパラメータに`"none"`を指定すると、LLMは関数を呼び出すような応答をせず、通常のテキストを返してきます。function_callを`"auto"`に設定すると、LLMは入力に応じて、指定した関数を使うべきと判断した場合は関数名と引数を応答するようになります。パラメータ「function_call」のデフォルトの動作は、functionsを与えなかった場合は`"none"`、functionsを与えた場合は`"auto"`となっています。

また、パラメータ「function_call」には「`{"name": "<関数名>"}`」という値を指定することができます。このように関数名を指定すると、LLMに指定した関数を呼び出すことを強制できます。

Function callingを応用したJSONの生成

Function callingは、LLMに関数を実行したいと判断させる以外にも、単にJSON形式のデータを生成させるのに使うこともできます。LLMに関数を呼び出すつもりでJSON形式のデータを生成させて、実際にはその関数は呼び出さず、引数の値を別の用途に使う、ということです。

図3.17　Function callingの応用のイメージ

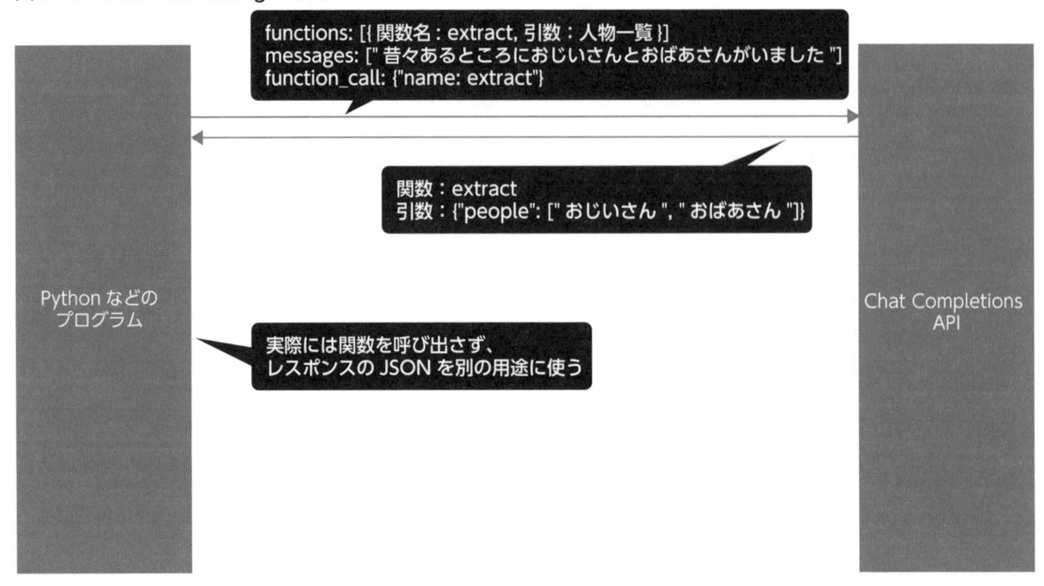

Function callingの登場以前は、入力のプロンプトで「このようなJSON形式でデータを返してください」などと指定して、得られた応答のテキストからJSONの部分を抽出して使っていました。しかし、その方法ではJSONとして適切な形式の応答が得られないことも多く、動作が安定しませんでした。

Function calling機能により、関数の引数としてJSON形式のデータを得やすくモデルがファインチューニングされたことで、JSON形式のデータを生成させたい場合も動作が安定しやすくなりました。とくにこの用途で使う場合、パラメータ「function_call」に関数名を指定して強制的にJSON形式の出力を得られることが役立ちます。

こちらのFunction callingを応用したJSON形式のデータの生成については、第5章「LangChainの活用」のなかで、LangChainを使ったサンプルを解説します。

まとめ

この章では、ChatGPTのAPIの基本を解説しました。GPT-3.5やGPT-4をAPIで使用するには、現在は次の形式のChat Completions APIを使用します。

```
{
  "model": "gpt-3.5-turbo",
  "messages": [
    {"role": "system", "content": "You are a helpful assistant."},
    {"role": "user", "content": "Hello! I'm John."},
    {"role": "assistant", "content": "Hello John! How can I assist you today?"},
    {"role": "user", "content": "Do you know my name?"}
  ]
}
```

Chat Completions APIはステートレスであり、会話履歴を踏まえて応答してほしい場合は、会話履歴をすべてリクエストに含めることになります。

料金はモデルの種類と入出力のトークン数で決まります。実際に使われたトークン数はレスポンスに含まれており、tiktokenパッケージを使うことでも確認できます。

Chat Completions APIには、2023年6月にFunction callingという機能が追加され、LLMに関数を使いたいと判断させることが可能になりました。Function callingを応用して、JSON形式のデータを生成させるのに使うこともできます。

今後も新しい機能が追加されていく可能性もありますが、ベースとなる現時点の機能を押さえておけば、新機能もキャッチアップしやすいはずです。

第 4 章

LangChainの基礎

この章では、LLMを使ったアプリケーション開発のフレームワークである「LangChain」について解説します。LangChainはLLMを使ったアプリケーション開発のための、とても幅広い機能を持っています。LangChainの基本をしっかり理解することを目指して、LangChainの概要から、各種モジュールのコンセプトと使い方をしっかり解説していきます。

4.1 LangChainの概要

LangChainは、LLMを使ったアプリケーション開発のフレームワークです。LLMを使ったさまざまな種類のアプリケーションで使うことができます。

LangChainの実装としては、PythonとJavaScript/TypeScriptの2つがあります。機械学習の周辺分野ではよくあることですが、Pythonの実装のほうが開発が活発です。本書でもPythonの実装を使用します。以後、本書でLangChainといった場合は、Pythonの実装を指すことにします。Pythonでは実装されていて、JavaScript/TypeScriptでは未実装な機能も多いので、JavaScript/TypeScriptの実装を使う際はご注意ください。

LangChainのユースケース

LangChainには、大きく2つの側面があります。1つは、LLMを使ったアプリケーション開発に必要な部品を、抽象化されたモジュールとして提供していることです。もう1つは、特定のユースケースに特化した機能を提供していることです。

LLMを使ったアプリケーションとしては、次のような例が挙げられます。

- ChatGPTのように会話できるチャットボット
- 文章の要約ツール
- 社内文書やPDFファイルへのQ&Aアプリ
- 後ほど解説する「AIエージェント」

LangChainは上記のようなLLMを使ったさまざまなアプリケーションの実装で使うことができます。LangChainのユースケースに特化した機能を使うことでとても少ない実装量でプロトタイプを実装することもできれば、LangChainのモジュールを部品として使って、独自性の高いアプリを実装することもできます。

なぜLangChainを学ぶのか

LLMを使ったアプリケーション開発に使えるフレームワーク・ライブラリは、LangChain以外にもたくさんあります。いくつか例を挙げると、

- LlamaIndex (https://github.com/jerryjliu/llama_index)
- Semantic Kernel (https://github.com/microsoft/semantic-kernel)
- Guidance (https://github.com/microsoft/guidance)

などが有名です。

こうしたフレームワーク・ライブラリがあるなかでも、LangChainを学ぶのはとてもおすすめの選択肢です。たとえばLlamaIndexは、後で説明するLangChainのData connectionの機能に特化したフレームワークです。LangChainはLLMを使ったアプリケーション開発についてとくに幅広い分野を扱っており、LangChainをキャッチアップすることで、LLMを使ったアプリケーション開発の幅広い知見を得ることができます。

LlamaIndexのように、内部的にLangChainを使っているフレームワークやライブラリもたくさんあります。そのようなフレームワーク・ライブラリをキャッチアップする際にも、LangChainの知識は役立ちます。

また、LangChainは非常にアップデートの頻度や量が多く、毎日のように新バージョンがリリースされています。LLMを使ったアプリケーション開発自体、まだまだ新しい分野です。論文などでも次々と新しい手法が発表されていますし、LLM自体もどんどんアップデートされています。LangChainは、このようなアップデートに非常に素早く追従しています。たとえばChat Completions APIにFunction callingの機能が追加された際は、その後1日も経たないうちに関連する機能がリリースされました。

論文で発表された手法や、LLMを使ったアプリケーション開発に関するホットな話題なども踏まえて、LangChainには実験的な機能も次々と追加されています。そのため、LangChainのアップデートを追いかけることは、LLMを使ったアプリケーション開発のトレンドを追いかけることにもなります。

執筆時点でのLangChainの最新バージョンはv0.0.292であり、このバージョン番号の付け方からも、どんどんアップデートしていくという思想を感じ取ることができます。

LangChainのモジュール

LangChainには、LLMを使ったアプリケーション開発において、汎用的に使えるさまざまなモ

ジュールの提供と、何らかのユースケースに特化した機能の提供という2つの側面があります。LangChainをキャッチアップする際は、まずはどんなモジュールが存在するのかを把握することから学び始めるのがおすすめです。本書でも、LangChainに含まれるモジュールを解説していきます。

本書執筆時点で、LangChainのドキュメント（https://python.langchain.com/docs/modules/）で、モジュールは大きく次の6つに整理されています。

- Model I/O
- Data connection
- Chains
- Agents
- Memory
- Callbacks

これらの6つの大きなモジュールに対して、さらに次の要素に整理されています。

- Model I/O
  - Prompts
    - Prompt templates
    - Example selectors
  - Language models
    - LLMs
    - Chat models
  - Output parsers
- Data connection
  - Document loaders
  - Document transformers
    - Text splitters
    - Post retrieval
  - Text embedding models
  - Vector stores
  - Retrievers
- Chains
- Agents

  - Agent types
  - Tools
  - Toolkits
- Memory
- Callbacks

このように、LangChainはとても多くのモジュールを提供しています。

LangChainはドキュメントやモジュールの構成についてもアップデートの頻度が高いです。ドキュメント上でのこれらのモジュールの包含関係や命名も適宜アップデートされています。本書刊行後も、この構造がある程度変化する可能性はあります[注1]。

とはいえ、現時点で存在するモジュールを学んでおくことは、LLMを使ったアプリケーション開発の基本を押さえるのに十分役立ちます。もしもLangChainの最新バージョンで本書と違う用語が使われるようになったとしても、本書で解説する概念を押さえておけば、スムーズに理解できることも多いはずです。

この章と次章では、前述のモジュールのなかから、LangChainの基本を押さえるうえでとくに重要な要素を、わかりやすい順番で解説していきます。また、アプリケーションのデバッグや評価(Evaluation)などに使える機能も、コラムで適宜紹介していきます。

LangChainのインストール

以後のLangChainのモジュールの解説は、Google Colabでコードを動かしながら読み進めることができるようになっています。

そこでまず、Google ColabにLangChainをインストールします。次のコマンドを実行することで、Google ColabにLangChainをインストールできます。

```
!pip install langchain==0.0.292 openai==0.28.0
```

なお、上記のコマンドではopenaiというライブラリもインストールしています。これは、LangChainがOpenAIのAPIを呼び出すために内部的にopenaiというライブラリを使用しているためです。

注1　実際に本書の執筆中に「Data connection」は「Retrieval」という表記に変更されました。ただし本書の本文中では「Data connection」と記載しています。

COLUMN

langchain_experimental

LangChainでは、「langchain」という名前のコアのパッケージにすべての機能が含まれていました。しかし、2023年7月に、langchainパッケージの一部の機能はlangchain_experimentalという別のパッケージに移行されました。

目的は、実験的なコードと既知の脆弱性（CVE）を含むコードをlangchain_experimentalに移行して、コアのパッケージを軽量化することです。たとえば、任意のPythonプログラムや任意のSQLを実行可能な機能の一部は、langchain_experimentalに移行されています。

なお、langchain_experimentalを使いたい場合は、「pip install langchain_experimental」コマンドでインストールすることができます。

4.2 Language models

LangChainのモジュールの1つ目として「Language models」について解説します。

Language modelsは、LangChainでの言語モデルの使用方法を提供するモジュールです。LangChainのLanguage modelsを使うことで、さまざまな言語モデルを共通のインタフェースで使用することができます。簡単にいってしまえば、LLMをLangChain流で使えるようにするラッパーのことです。LangChainでは、Language modelsを「LLMs」と「Chat models」の大きく2種類に整理しています。

LLMs

LangChainの「LLMs」は、1つのテキストの入力に対して1つのテキストの出力を返す、典型的な大規模言語モデルを扱うモジュールです。

たとえばOpenAIのCompletions API（text-davinci-003）をLangChainで使うには「OpenAI」というクラスを使用します。サンプルコードは次のようになります。

```
from langchain.llms import OpenAI

llm = OpenAI(model_name="text-davinci-003", temperature=0)

result = llm("自己紹介してください。")
print(result)
```

このコードでは、モデルとしてtext-davinci-003を設定し、temperatureとして0を設定しています。temperatureは、大きいほど出力がランダムになり、小さいほど決定的になるパラメータです。この章ではできるだけ同じ出力を得られるよう、temperatureを最小の0に設定しています。

前述のコードの実行結果はたとえば次のようになります。

```
はじめまして、私は○○と申します。現在、○○大学で学んでいます。趣味は料理や旅行などです。特に料理は好きで、毎日新しいレシピを試しています。今までに海外旅行も何回かしていて、新しい文化を学ぶのが大好きです。今後も新しいことに挑戦していきたいと思っています。よろしくお願いします。
```

LLMが生成したテキストを表示できていますね。

なお、第3章で説明したとおり、OpenAIのCompletions APIはすでにLegacyとされています。ここではあくまで、1つのテキストの入力に対して1つのテキストの出力を返す、典型的な大規模言語モデルの例として使用しています。

Chat models

OpenAIのChat Completions API (gpt-3.5-turboやgpt-4) は、単に1つのテキストを入力とするのではなく、チャット形式のやりとりを入力して応答を得るようになっています。OpenAIのChat Completions APIに対応するために作られたLangChainのモジュールが「Chat models」です。

LangChainでChat Completions APIを使う際は「ChatOpenAI」クラスを使用します。サンプルコードは次のようになります。

```
from langchain.chat_models import ChatOpenAI
from langchain.schema import AIMessage, HumanMessage, SystemMessage

chat = ChatOpenAI(model_name="gpt-3.5-turbo", temperature=0)

messages = [
    SystemMessage(content="You are a helpful assistant."),
    HumanMessage(content="こんにちは！私はジョンと言います！"),
    AIMessage(content="こんにちは、ジョンさん！どのようにお手伝いできますか？"),
    HumanMessage(content= "私の名前がわかりますか？")
]

result = chat(messages)
print(result.content)
```

このコードを実行すると、たとえば次のように表示されます。

```
はい、先ほどおっしゃった通り、あなたの名前はジョンですよ。何か他にお手伝いできることはありますか？
```

LangChainにおける「SystemMessage」「HumanMessage」「AIMessage」は、それぞれChat Completions APIの「"role": "system"」「"role": "user"」「"role": "assistant"」に対応しています。そのため、前ページのコードでは内部的には次のようなリクエストを送信しています。

```
{
  "model": "gpt-3.5-turbo"
  "messages": [
    {"role": "system", "content": "You are a helpful assistant."},
    {"role": "user", "content": "こんにちは！私はジョンと言います！"},
    {"role": "assistant", "content": "こんにちは、ジョンさん！どのようにお手伝いできますか？"},
    {"role": "user", "content": "私の名前がわかりますか？"}
  ],
  <一部省略>
}
```

本書ではLLMとしてChat Completions APIを使用するため、前述のChatOpenAIクラスをよく使うことになります。なお、LangChainのChat models自体は、OpenAIのChat Completions API以外にも、Azure OpenAI ServiceのChat Completions APIや、その他いくつかのチャット形式のLLMに対応しています。

Callbackを使ったストリーミング

Language modelsに限った機能ではありませんが、ここでLangChainのCallbackについて紹介します。

Chat Completions APIはストリーミングで応答を得ることができます。LLMを使ったアプリケーションを実装する場合、UXの向上を目的として、ストリーミングで応答を得たいことは多いはずです。LangChainでは、Callback機能を使うことでChat Completions APIの応答をストリーミングで処理することが可能です。

たとえば、LangChainが提供しているStreamingStdOutCallbackHandlerをChatOpenAIに設定すると、生成されたテキストがストリーミングで標準出力に表示されます。サンプルコードは次のようになります。

```
from langchain.callbacks.streaming_stdout import StreamingStdOutCallbackHandler
from langchain.chat_models import ChatOpenAI
from langchain.schema import HumanMessage

chat = ChatOpenAI(
    model_name="gpt-3.5-turbo",
    temperature=0,
    streaming=True,
```

```
    callbacks=[StreamingStdOutCallbackHandler()],
)

messages = [HumanMessage(content="自己紹介してください")]
result = chat(messages)
```

このコードを実行すると、次のような内容が徐々に表示されます。

```
はい、私はオープンAIの言語モデルであるGPT-3です。私は自然言語処理の能力を持ち、さまざまなトピックについての質問や会話に応えることができます。私は大量のデータを学習しており、文章の生成や意味の理解、文脈に基づいた回答などを行うことができます。私の目標は、人々がより簡単に情報を得たり、問題を解決したりするのを支援することです。どのようにお手伝いできますか？
```


LangChainのCallback機能では、前述のStreamingStdOutCallbackHandlerのように公式で提供されているものを使うこともできれば、カスタムのCallbackHandlerを実装して使うこともできます。カスタムのCallbackHandlerを使うと、LLMの処理の開始（on_llm_start）・新しいトークンの生成（on_llm_new_token）・LLMの処理の終了（on_llm_end）などのタイミングで、任意の処理を実行することができます。本書でも第7章でカスタムのCallbackHandlerを実装してみます。

なお、LangChainのCallback機能は、後述するChainsやAgentsにも対応しています。

Language modelsのまとめ

ここまで、LangChainの「Language models」について解説してきました。Language modelsを使うことで、各種LLMを統一的なインタフェースで扱うことができます。

本書ではOpenAIのGPT-3.5とGPT-4だけを使用しますが、LangChain自体は他にもさまざまな言語モデルに対応しています。たとえばGoogleのPaLM2[注2]やOSSのGPT4All[注3]をサポートしていたり、さまざまなLLMをサポートするランタイムllama.cpp[注4]や機械学習モデルの開発プラットフォームHugging Face Hub[注5]経由でさまざまなモデルを使ったりすることができます。また、LangChain公式が未対応のモデルであっても、Custom LLMとして対応することも可能です。

Language modelsの一部として、ユニットテストでテストダブルとして使用できる「Fake LLM」やテスト・デバッグ・教育目的で使用できる「Human input LLM」なども提供されています。また、LLMからの応答をキャッシュする機能もあります。

注2　https://ai.google/discover/palm2
注3　https://gpt4all.io/index.html
注4　https://github.com/ggerganov/llama.cpp
注5　https://huggingface.co/docs/hub/index

4.3 Prompts

LLMを使ったアプリケーション開発で非常に重要な要素が、入力のプロンプトです。ここから、LangChainにおけるプロンプトの扱いを抽象化したモジュールについて解説します。

PromptTemplate

最初に紹介するのが「PromptTemplate」です。その名のとおり、PromptTemplateを使うとプロンプトをテンプレート化できます。

図4.1 PromptTemplateのイメージ

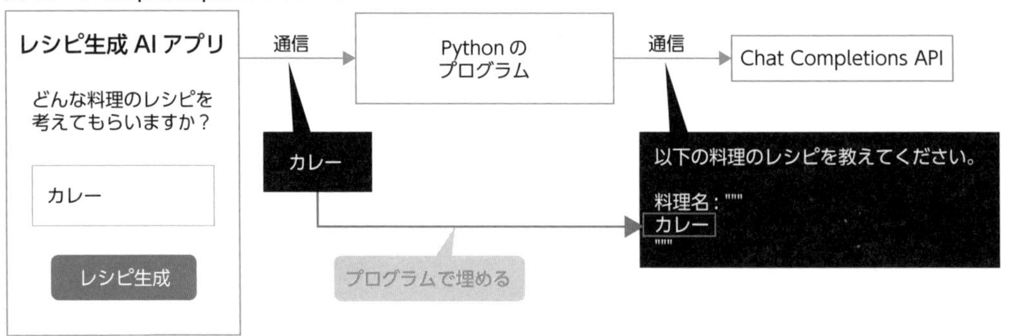

※ Webアプリやモバイルアプリの画面

PromptTemplateを使う簡単な例は次のようになります。

```
from langchain.prompts import PromptTemplate

template = """
以下の料理のレシピを考えてください。

料理名: {dish}
"""

prompt = PromptTemplate(
    input_variables=["dish"],
    template=template,
)
```

```
result = prompt.format(dish="カレー")
print(result)
```

実行結果は次のようになります。

```
以下の料理のレシピを考えてください。

料理名: カレー
```

PromptTemplateのformatメソッドにより、テンプレートの「{dish}」の箇所が「カレー」に置き換えられました。なお、PromptTemplateは、プログラムで文字列の一部を置き換えているだけで、内部でLLMを呼び出すようなことはしていません。

ChatPromptTemplate

PromptTemplateをChat Completions APIの形式に対応させたのが、ChatPromptTemplateです。SystemMessage、HumanMessage、AIMessageをそれぞれテンプレート化して、ChatPromptTemplateというクラスでまとめて扱うことができます。

ChatPromptTemplateを使うサンプルコードは次のようになります。

```
from langchain.prompts import (
    ChatPromptTemplate,
    PromptTemplate,
    SystemMessagePromptTemplate,
    HumanMessagePromptTemplate,
)
from langchain.schema import HumanMessage, SystemMessage

chat_prompt = ChatPromptTemplate.from_messages([
    SystemMessagePromptTemplate.from_template("あなたは{country}料理のプロフェッショナルです。"),
    HumanMessagePromptTemplate.from_template("以下の料理のレシピを考えてください。\n\n料理名: {dish}")
])

messages = chat_prompt.format_prompt(country="イギリス", dish="肉じゃが").to_messages()
```

このようにして得られたmessagesは、次のリストのような内容になります。

```
[
  SystemMessage(content="あなたはイギリス料理のプロフェッショナルです。"),
  HumanMessage(content="以下の料理のレシピを考えてください。\n\n料理名: 肉じゃが")
]
```

このmessagesをgpt-3.5-turboに与えると、イギリス料理風にアレンジした肉じゃがのレシピを考えてくれます。ちなみに、肉じゃがはもともとイギリスのビーフシチューが由来という説があるらしいですね。

Example selectors

Few-shotプロンプティングを使うと、LLMから期待する応答を得やすくなります。「Example selectors」は、Few-shotプロンプティングで使う例を選択する機能です。

プロンプトに固定の例を埋め込むだけであれば、単純にPromptTemplateやChatPromptTemplateを使えば問題ありません。Example selectorsを使うと、例を埋め込む際に次のような処理が可能となっています。

- プロンプトの長さの最大値を超えないようにする目的で、ユーザーの入力が短い場合はたくさんの例を埋め込み、ユーザーの入力が長い場合は少ない例を埋め込む
- ユーザーの入力内容に近い例を自動的に選択して埋め込む

Example selectorsは以後の解説で登場しないためサンプルコードは掲載していません。興味があればぜひ調べてみてください。

Promptsのまとめ

ここまで、LangChainにおけるプロンプトの扱いを抽象化したモジュールについて解説してきました。PromptTemplateやChatPromptTemplateによって、プロンプトをテンプレート化して扱うことができます。Example selectorsを使えば、Few-shotプロンプティングで使う例を自動で選択することができます。

4.4 Output parsers

PromptsはLLMへの入力に関するモジュールでした。次は、LLMの出力に注目してみます。LLMに特定の形式で出力させて、その出力をプログラム的に扱いたい場合があります。そこで使えるのが「Output Parsers」です。

Output parsersの概要

Output Parsersは、JSONなどの出力形式を指定するプロンプトの作成と応答のテキストのPythonオブジェクトへの変換機能を提供します。Output Parsersを使うと、LLMの応答から該当箇所を抽出してPythonのオブジェクト（辞書型や自作したクラス）にマッピングするという定番の処理を簡単に実装できます。

図4.2　Output parsers

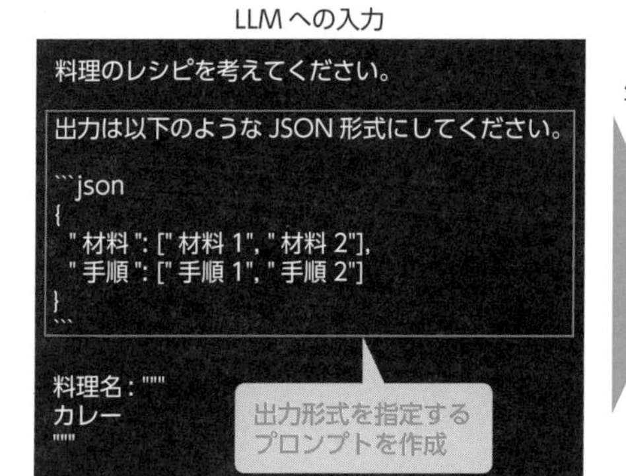

PydanticOutputParserを使ったPythonオブジェクトの取得

LangChainのOutputParserの一種である「PydanticOutputParser」を使うと、LLMの出力からPythonのオブジェクトを簡単に取得できます。ここから、PydanticOutputParserを使って、LLMが出力したレシピをRecipeクラスのインスタンスに自動で変換する例を見ていきます。

まず、LLMに出力させたい「材料一覧(ingredients)」と「手順(steps)」をフィールドとするRecipeクラスを、Pydantic[注6]のモデルとして定義します。

```
from pydantic import BaseModel, Field

class Recipe(BaseModel):
    ingredients: list[str] = Field(description="ingredients of the dish")
    steps: list[str] = Field(description="steps to make the dish")
```

このRecipeクラスを与えて、PydanticOutputParserを作成します。

```
from langchain.output_parsers import PydanticOutputParser

parser = PydanticOutputParser(pydantic_object=Recipe)
```

そして、PydanticOutputParserから、プロンプトに含める出力形式の説明文を作成します。

```
format_instructions = parser.get_format_instructions()
```

ここで作成したformat_instructionsは、Recipeクラスに対応した出力形式の指定の文字列です。format_instructionsをprintで表示してみると、次のようになります。

```
The output should be formatted as a JSON instance that conforms to the JSON schema
below.

As an example, for the schema {"properties": {"foo": {"title": "Foo", "description":
"a list of strings", "type": "array", "items": {"type": "string"}}}, "required": ["foo"]}}
the object {"foo": ["bar", "baz"]} is a well-formatted instance of the schema. The
object {"properties": {"foo": ["bar", "baz"]}} is not well-formatted.

Here is the output schema:
```
{"properties": {"ingredients": {"title": "Ingredients", "description": "ingredients
of the dish", "type": "array", "items": {"type": "string"}}, "steps": {"title":
"Steps", "description": "steps to make the dish", "type": "array", "items": {"type":
"string"}}}, "required": ["ingredients", "steps"]}
```
```

注6　Pydanticは、Pythonでデータの入れ物として使うクラスを簡単に作成できる有名なパッケージです。Python標準のdataclassと異なり、Pydanticは実行時にデータ型を検証する機能などを持ちます。

「出力はこのようなJSON形式にしてください」といった内容ですね。このformat_instructionsをプロンプトに埋め込むことで、LLMがこの形式に従った応答を返すようにします。続きとして、format_instructionsを使ったPromptTemplateを作成します。

```
template = """料理のレシピを考えてください。

{format_instructions}

料理名: {dish}
"""

prompt = PromptTemplate(
    template=template,
    input_variables=["dish"],
    partial_variables={"format_instructions": format_instructions}
)
```

このPromptTemplateに対して、例として入力を与えてみます。

```
formatted_prompt = prompt.format(dish="カレー")
```

すると、プロンプトを穴埋めした結果は次のようになります。

```
料理のレシピを考えてください。

The output should be formatted as a JSON instance that conforms to the JSON schema
below.

As an example, for the schema {"properties": {"foo": {"title": "Foo", "description":
"a list of strings", "type": "array", "items": {"type": "string"}}}, "required": ["foo"]}}
the object {"foo": ["bar", "baz"]} is a well-formatted instance of the schema. The
object {"properties": {"foo": ["bar", "baz"]}} is not well-formatted.

Here is the output schema:
```
{"properties": {"ingredients": {"title": "Ingredients", "description": "ingredients
of the dish", "type": "array", "items": {"type": "string"}}, "steps": {"title":
"Steps", "description": "steps to make the dish", "type": "array", "items": {"type":
"string"}}}, "required": ["ingredients", "steps"]}
```

料理名: カレー
```

Recipeクラスの定義をもとに、出力形式を指定するプロンプトが自動で埋め込まれていますね。このテキストを入力として、LLMを実行してみます。

```
chat = ChatOpenAI(model_name="gpt-3.5-turbo", temperature=0)
messages = [HumanMessage(content=formatted_prompt)]
output = chat(messages)
print(output.content)
```

すると、次のような応答を得られます。

```
{
  "ingredients": [
    "玉ねぎ",
    "にんじん",
    "じゃがいも",
    "豚肉",
    "カレールー",
    "水"
  ],
  "steps": [
    "玉ねぎ、にんじん、じゃがいもを切る",
    "豚肉を炒める",
    "野菜を加えて炒める",
    "水を加えて煮込む",
    "カレールーを加えて溶かす",
    "煮込んで完成"
  ]
}
```

この応答をPydanticのクラスに変換して使いたいことは多いです。その変換処理も、PydanticOutputParserを使うと簡単です。

```
recipe = parser.parse(output.content)
print(type(recipe))
print(recipe)
```

このように実装すると、Pydanticのモデルのインスタンスを得ることができます。このコードを実行すると、次のように表示されます。

```
<class '__main__.Recipe'>
ingredients=['玉ねぎ', 'にんじん', 'じゃがいも', '豚肉', 'カレールー', '水'] steps=['玉ねぎ、にんじん、じゃがいもを切る', '豚肉を炒める', '野菜を加えて炒める', '水を加えて煮込む', 'カレールーを加えて溶かす', '煮込んで完成']
```

ここまで、Output parsersを使う例を見てきました。ポイントは次の2つです。

- Recipeクラスの定義をもとに、出力形式を指定する文字列が自動的に作られた
- LLMの出力を簡単にRecipeクラスのインスタンスに変換できた

ただし、Output parsersは安定して動作するとは限りません。指定した形式とは異なる出力をLLMが返してくることが少なくないためです。たとえば、次のような応答になってしまうとエラーが発生します。

図4.3 Output Parsersがエラーになる出力の例

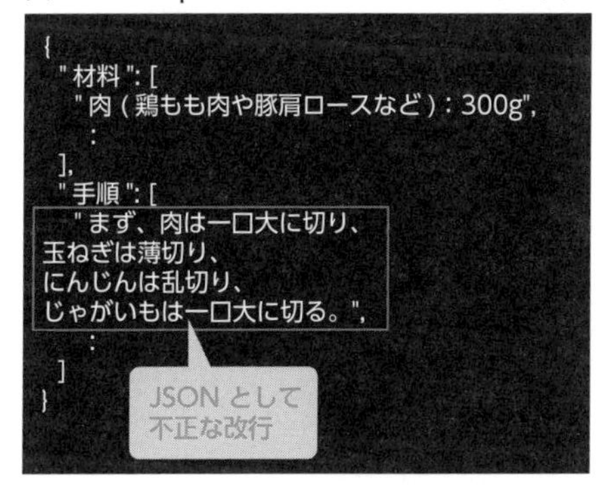

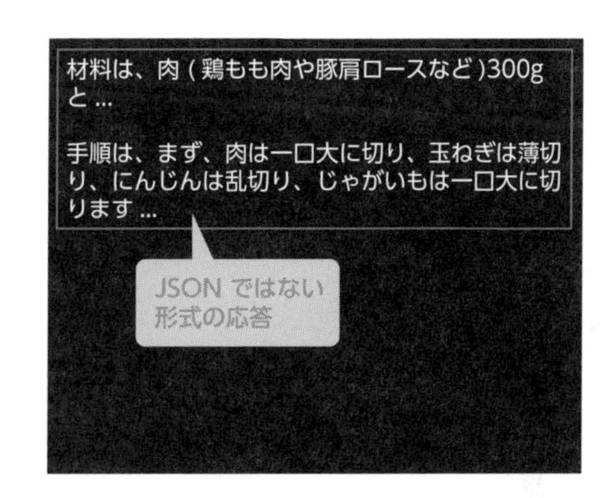

このようなエラーに対応するため、Output parsersには、変換できなかったテキストをLLMに修正してもらうOutputFixingParserや、RetryWithErrorOutputParserといったクラスもあります。

なお、Chat Completions APIのようにFunction callingに対応したモデルを使う場合は、Function callingの機能を応用して出力形式を指定したほうが、プロンプトで出力形式を指定するよりも動作が安定しやすいです。Function callingを応用して特定の形式の出力を得る例については、後ほど紹介します。

Output parsersのまとめ

LLMの出力を扱うOutput parsersを解説しました。Output parsersは後ほど紹介するChainsやAgentsの内部でも非常に多くの箇所で使われています。

ここまでに紹介してきたLanguage models・PromptTemplate (ChatPromptTemplate)・Output parsersは、LangChainの動作の根幹となるモジュールです。これらはアプリケーション開発の際に部品として使うこともできますが、この上に実装されたChainsやAgentsはLangChainの大きな見どころです。

Chains

LLMを使ったアプリケーションでは、単にLLMに入力して出力を得て終わりではなく、処理を連鎖的につなぎたいことが多いです。たとえば、次のような連鎖が考えられます。

- PromptTemplateのテンプレートを穴埋めして、その結果をLanguage modelsに与え、その結果をPythonのオブジェクトとして取得したい
- 第2章で紹介したZero-shot CoTプロンプティングでステップバイステップで考えさせて、その結果を要約させたい
- LLMの出力結果が、サービスのポリシーに違反しないか（たとえば差別的な表現でないか）チェックしたい
- LLMの出力結果をもとに、SQLを実行して、データを分析させてみたい

このような処理の連鎖を実現するのが、LangChainの「Chains」です。Chainsを使うと、その名のとおり、さまざまな処理を連鎖させることができます。

LLMChain—PromptTemplate・Language model・OutputParserをつなぐ

LangChainにはさまざまなChainがありますが、まず押さえたいのはLLMChainです。LLMChainは、PromptTemplateとLanguage model、OutputParserをつなぎます。

図4.4　LLMChain

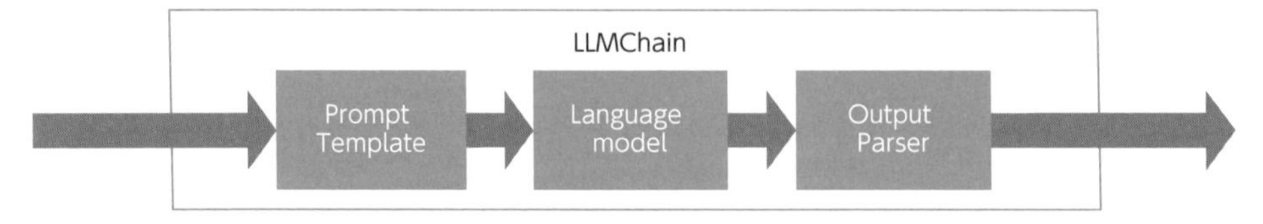

LLMChainを使うサンプルコードを見ていきます。まずはOutputParser・PromptTemplate・Language modelを準備します。

```
from langchain.chat_models import ChatOpenAI
from langchain.output_parsers import PydanticOutputParser
from langchain.prompts import PromptTemplate
from pydantic import BaseModel, Field

class Recipe(BaseModel):
    ingredients: list[str] = Field(description="ingredients of the dish")
    steps: list[str] = Field(description="steps to make the dish")

output_parser = PydanticOutputParser(pydantic_object=Recipe)  ── OutputParser

template = """料理のレシピを考えてください。

{format_instructions}

料理名: {dish}
"""
                                                     ── PromptTemplate
prompt = PromptTemplate(
    template=template,
    input_variables=["dish"],
    partial_variables={"format_instructions": output_parser.get_format_instructions()}
)

chat = ChatOpenAI(model_name="gpt-3.5-turbo", temperature=0)  ── Language model
```

PromptTemplate・Language model・OutputParserをつないだChainを作成して、一連の流れを実行します。

```
from langchain import LLMChain

chain = LLMChain(prompt=prompt, llm=chat, output_parser=output_parser)

recipe = chain.run(dish="カレー")
print(type(recipe))
print(recipe)
```

このコードの実行結果は次のようになります。

```
<class '__main__.Recipe'>
ingredients=['玉ねぎ', 'にんじん', 'じゃがいも', '豚肉', 'カレールー', '水'] steps=['玉ねぎ、にんじん、じゃがいもを切る', '豚肉を炒める', '野菜を加えて炒める', '水を加えて煮込む', 'カレールーを加えて溶かす', '煮込んで完成']
```

最終的な出力はRecipeクラスのインスタンスとなっています。`chain.run`という呼び出しで、テンプレートの穴埋め・LLMの呼び出し・出力の変換が、連鎖的に実行されたということです。

なお、LLMChainにOutputParserを指定しなかった場合は、デフォルトの動作としてLLMの出力の文字列がそのままChain全体の出力となります(NoOpOutputParserという何もしないOutputParserが使われます)。

SimpleSequentialChain—ChainとChainをつなぐ

ChainとChainを接続するChainも存在します。SimpleSequentialChainを使うと、ChainとChainを直列に連結できます。

図4.5 SimpleSequentiallChain

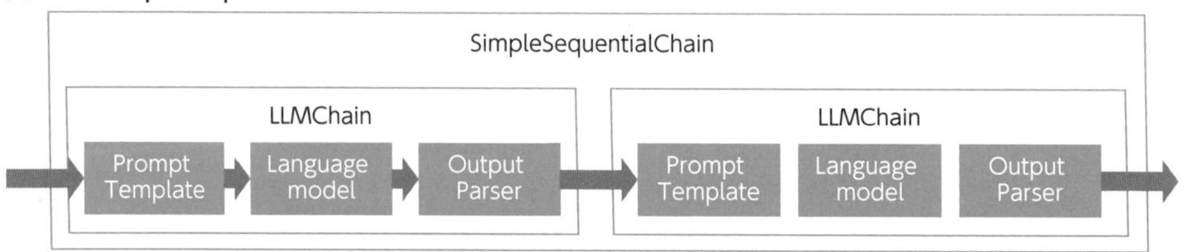

例として、Zero-shot CoTでステップバイステップで考えさせて、その後、出力を要約させてみます。まず、Zero-shot CoTでステップバイステップで考えさせるChainを作成します。

```
chat = ChatOpenAI(model_name="gpt-3.5-turbo", temperature=0)

cot_template = """以下の質問に回答してください。

質問: {question}

ステップバイステップで考えましょう。
"""

cot_prompt = PromptTemplate(
    input_variables=["question"],
    template=cot_template,
)

cot_chain = LLMChain(llm=chat, prompt=cot_prompt)
```

続いて、入力のテキストを要約するChainを作成します。

```
summarize_template = """以下の文章を結論だけ一言に要約してください。

{input}
"""
summarize_prompt = PromptTemplate(
    input_variables=["input"],
```

```
    template=summarize_template,
)

summarize_chain = LLMChain(llm=chat, prompt=summarize_prompt)
```

2つのChainをつなげたChainを作成して、実行してみます。

```
from langchain.chains import SimpleSequentialChain

cot_summarize_chain = SimpleSequentialChain(
    chains=[cot_chain, summarize_chain])

result = cot_summarize_chain(
    "私は市場に行って10個のリンゴを買いました。隣人に2つ、修理工に2つ渡しました。それから5つのリンゴを買って1つ食べました。残りは何個ですか？"
)
print(result["output"])
```

上記の入力は「Chain-of-Thoughtプロンプティング」(https://www.promptingguide.ai/jp/techniques/cot) から引用しました。

すると、最終的な実行結果として、次の出力が得られます。

```
残りのリンゴは10個です。
```

最終的に要約されたシンプルな回答が得られました。このとき`cot_summarize_chain`の内部では、まず`cot_chain`が実行され、ステップバイステップで考えた冗長な回答を得ます。その回答を入力として`summarize_chain`を実行し、要約されたシンプルな回答を得ています。LLMを2回呼び出すことで、Zero-shot CoTを使って回答の精度を高めつつ、最終的にはシンプルな出力を得ることができたということです。

図4.6　Zero-shot CoT＋要約の例

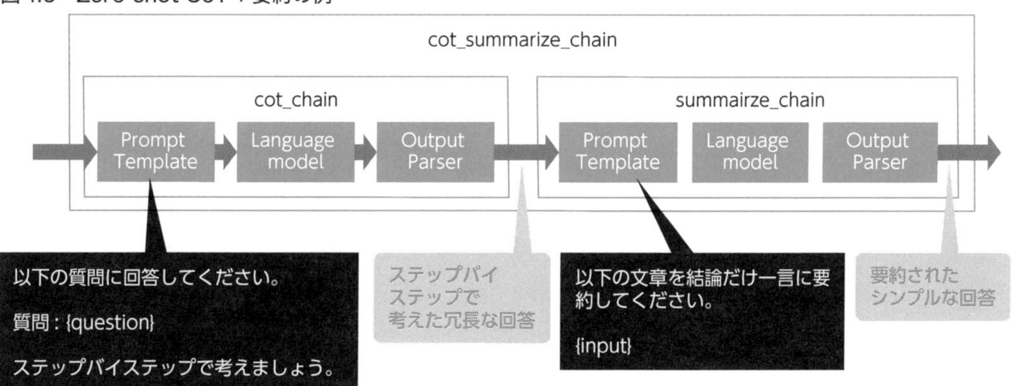

LangChainにはさまざまなChainが用意されています。実は要約に使える既成のChainもあります。

SimpleSequentialChainを使うと、さまざまなChainを直列に接続することができます。Chain同士を接続するChainとしては、他にも複数の入出力に対応したSequentialChainや、LLMの判断でChainの分岐を実現するLLMRouterChainなどがあります。

図4.7　複数の入出力に対応したSequentialChain

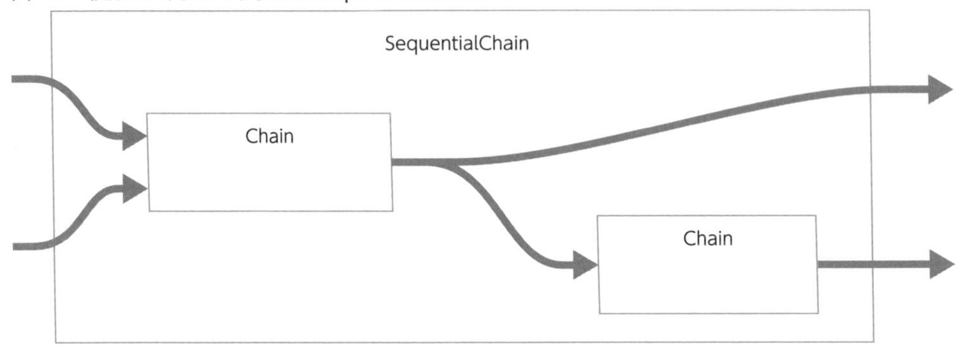

図4.8　LLMの判断でChainの分岐を実現するLLMRouterChain

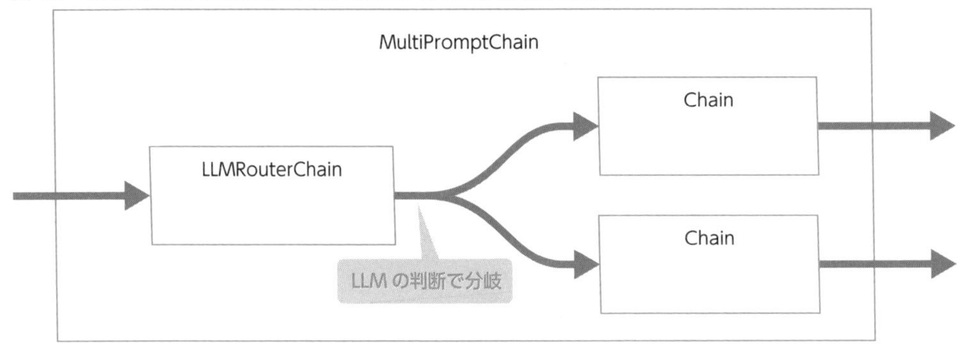

Chainsのまとめ

ここまで、LLMを使ったアプリケーション開発で部品として使える、基本的なChainを見てきました。Chainはもちろん自作することも可能です。たとえば、自分なりのChainを作成して、SimpleSequentialChainで他のChainと連鎖させることもできます。

ChainはLangChainの醍醐味ともいえます。LangChainにはユースケースに特化したさまざまなChainも提供されています。ここで、ユースケースに特化したChainのいくつかを紹介します。

表4.1 ユースケースに特化したChainの例

Chain	概要
OpenAIModerationChain	OpenAIのModeration APIにより、テキストがOpenAIの利用ポリシーに反していないかチェックする
LLMRequestsChain	指定したURLにHTTPリクエストを送信し、レスポンスの内容を踏まえてLLMに質問に回答させる
OpenAPIEndpointChain	自然言語で入力を与えると、OpenAPI仕様（Swagger）をもとにLLMがAPIへのリクエストを生成し、その内容でAPIを呼び出す。さらに、APIからのレスポンスを踏まえてLLMに質問に回答させることも可能
PALChain (Experimental)	自然言語の入力をもとに、LLMがプログラムを生成し、プログラムを実行した結果を返す。「PAL: Program-aided Language Models」という論文に基づく実装
SQLDatabaseChain (Experimental)	自然言語の入力をもとに、LLMがSQLを生成し、データベースに対して実行したうえで、最終的な回答を出力させる

これらのなかには、LLMを使って実現してみたいと考えたことがある例もあるのではないでしょうか？ LangChainのドキュメントでChainの一覧を見たりしていると、LLMを使ったアプリケーション開発における工夫の勉強にもなります。

なお、上記の表でExperimental（実験的）と記載したChainは、langchain_experimentalに含まれています。任意のプログラムやSQLが実行される可能性があるため、利用には注意が必要です。

COLUMN

Chainの内部の動きを確認するには

LangChainでコードを書いていると、Chainの内部の動作を確認したくなることが多いです。その際、次の設定を使うことができます（たとえばコードの先頭に次のような設定を記述します）。

```
import langchain

langchain.verbose = True  # フォーマットされたプロンプトなどが表示される
langchain.debug = True    # LangChainの挙動が最も詳細に出力される
```

また、2023年7月にLangChainから発表された「LangSmith」も、LangChainを使ったアプリケーションのデバッグに役立ちます。LangSmithについては後ほどコラムで紹介します。

4.6 Memory

続いて、LangChainの「Memory」について解説します。「Memory」はその名のとおり「記憶」に関する機能です。第3章でも解説しましたが、Chat Completions APIはステートレスであり、会話履歴を踏まえた応答を得るには、会話履歴をリクエストに含める必要があります。会話履歴の保存などに関する便利な機能を提供するのがLangChainの「Memory」です。

ConversationBufferMemory

LangChainのMemoryには、いくつか種類があります。まずはMemoryを使う最もシンプルな例として、単純に会話履歴を保持するだけの「ConversationBufferMemory」を使ってみます。ConversationBufferMemoryを使うサンプルコードは次のようになります。

```
from langchain.chains import ConversationChain
from langchain.chat_models import ChatOpenAI
from langchain.memory import ConversationBufferMemory

chat = ChatOpenAI(model_name="gpt-4", temperature=0)
conversation = ConversationChain(
    llm=chat,
    memory=ConversationBufferMemory()
)

while True:
    user_message = input("You: ")
    ai_message = conversation.run(input=user_message)
    print(f"AI: {ai_message}")
```

このコードでは、Memoryを使って履歴を踏まえた会話ができるConversationChainを使用しています。ユーザーの入力を受け付けてLLMを呼び出して応答を得る、という流れを無限ループで繰り返しています。

なお、筆者が動作確認した際、gpt-3.5turboでは想定される応答を返してくれないことが多かったため、ここではgpt-4を使っています。

上記のコードでLLMとやりとりすると、たとえば次のような動作になります（「You」の行がユーザーの入力で、「AI」の行がLLMの応答です）。

```
You: こんにちは。私はジョンと言います。
AI:  こんにちは、ジョンさん。私はAIです。どのようにお手伝いできるかお知らせください。
You: 私の名前がわかりますか？
AI:  はい、あなたの名前はジョンさんとおっしゃいました。
```

ConversationBufferMemoryを使うことで、1回目の入力を踏まえて2回目の応答を返してくれています。

この流れを図にすると、次のようになります[注7]。

図4.9　Memoryを使ったConversationChainの動き

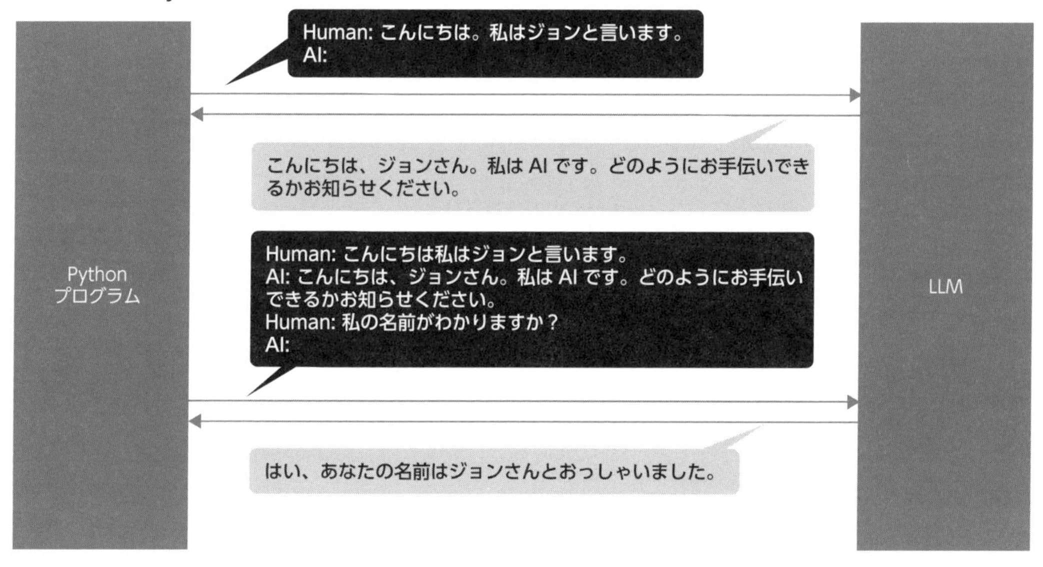

さらに便利なMemory

単純に会話履歴を保持して使うだけで十分な場合は、ConversationBufferMemoryを使うことになります。しかし、実際にLLMを使ったアプリケーションを実装しようとすると、会話履歴についてさらに高度な処理を実装したくなる場合があります。とくに、プロンプトの長さの制限により、すべての会話履歴を含められるとは限らないことに対して、何らかの対応が必要になります。

そこでLangChainでは、会話履歴の保存だけではないMemoryがいくつか提供されています。いくつか例を紹介します。

注7　実際にはプロンプトの先頭に「The following is a friendly conversation between a human and an AI…」といったテキストがつきますが、こちらの図では省略しています。

表4.2 Memoryの例

クラス	概要
ConversationBufferWindowMemory	直近K個の会話だけをプロンプトに含める
ConversationSummaryMemory	LLMを使って会話履歴を要約する
ConversationSummaryBufferMemory	直近の会話はそのままプロンプトに含めるが、古い会話内容は要約する
ConversationTokenBufferMemory	指定したトークン数までの会話だけをプロンプトに含める
VectorStoreRetrieverMemory	後述するVector storeを応用して、会話履歴のうち入力に関連するK個のテキストだけを記憶としてプロンプトに含める

Memoryの保存先

LangChainのMemoryでは、会話履歴はデフォルトでメモリ上(Pythonのインスタンス変数)に保存されます。そのため、プロセスが停止した場合は会話履歴は保持されません。また、複数のプロセス・サーバで負荷分散しているケースや、AWS Lambdaのようなサーバレスな環境で実行している場合にはうまく動作しません。このような状況に対応するためには、会話履歴をアプリケーションの外部に保存することになります。

LangChainのMemoryは、いくつかの保存先をサポートしています。たとえば、SQLite、PostgreSQL、Redis、DynamoDB、Momentoといったデータベースを使うことができます。もちろん、サポートされていないデータベースと連携するようなカスタマイズも可能です。本書では、第7章でMomentoへの会話履歴の保存を実装します。

Memoryのまとめ

LangChainのMemoryについて解説してきました。Memoryは、会話履歴を踏まえて応答するアプリケーションの実装に役立ちます。

Memoryには、単に会話履歴を保持するだけでなく、要約などの工夫が組み込まれた実装も提供されています。このように、LangChainにはLLMを使ったアプリケーション開発で多くの開発者が遭遇する問題に対して、すでに実装が与えられていることも多いです。

Memoryの保存先としても、さまざまなデータベースがサポートされています。たくさんのインテグレーションが存在し、さまざまなツール・サービスと簡単に連携できるのもLangChainの大きな特徴です。

COLUMN

Chat modelsでMemoryを使う場合の注意

Memoryを使う例として、ConversationChainでConversationBufferMemoryを使うサンプルコードを掲載しました。ConversationChainを実行したとき、内部では次のようなプロンプトが作られます。

```
The following is a friendly conversation between a human and an AI. The AI is
talkative and provides lots of specific details from its context. If the AI does
not know the answer to a question, it truthfully says it does not know.

Current conversation:

Human: こんにちは。私はジョンと言います。
AI: こんにちは、ジョンさん。私はAIです。どのようにお手伝いできるかお知らせください。
Human: 私の名前がわかりますか？
AI:
```

ConversationChainは、このプロンプトを入力としてLLMを呼び出します。その際、Chat Completions APIへのリクエストとしては次のような形式になります（一部のパラメータは省略しています）。

```
{
  "model": "gpt-4",
  "messages": [
    {"role": "user", "content": "The following is ...<省略>Human: こんにちは。私はジョンと言います。\nAI: こんにちは、ジョンさん。私はAIです。どのようにお手伝いできるかお知らせください。\nHuman: 私の名前がわかりますか？\nAI:"},
  ]
}
```

このリクエストでは、「`"role": "user"`」のcontentとして会話履歴が含まれてしまっています。Chat Completions APIを使う場合は「`"role": "user"`」や「`"role": "assistant"`」をうまく使い分けるのが望ましいのですが、そのような挙動になっていない、ということです。筆者の経験では、Chat Completions API（とくにgpt-3.5-turbo）はこのような形式のリクエストでは会話履歴をうまく認識しないことも少なくありません（そのためこの例ではgpt-4を使いました）。

LangChain自体はChat Completions APIの形式に特化したフレームワークではないこともあり、一部の例外を除いて「`"role": "user"`」の箇所に会話履歴をすべて含めてしまいます。この挙動を回避して、「`"role": "user"`」や「`"role": "assistant"`」を適切に使いたい場合は、公式で提供されているChainをそのまま使えない場合もあります。

なお、「`"role": "user"`」や「`"role": "assistant"`」がしっかり使い分けられているか簡単に確認するには、Chat Completions APIへのリクエストの内容を表示するという方法があります。

次のようにopenaiパッケージのログレベルをDEBUGにすることで、Chat Completions APIへのリクエストの内容がログ出力されます。

```
import logging
logging.getLogger('openai').setLevel(logging.DEBUG)
```

第 5 章

LangChainの活用

第4章ではLangChainのLanguage models、Prompts、Chains、Memoryについて解説しました。
これらのモジュールは、(ユースケースに特化したChainを除いて)Chat Completions APIの延長で想像しやすかったかもしれません。
ここから解説するData connectionとAgentsは、LangChainを使ってLLMを大きく拡張する機能となります。

5.1 Data connection

まずは「Data connection」について解説します。Data connectionは、LLMと外部のデータを接続するための機能です。

RAG (Retrieval Augmented Generation)

Data connectionの背景となる、RAG (Retrieval Augmented Generation) について説明します。

GPT-3.5やGPT-4は、本稿執筆時点では2021年9月までの公開されている情報しか知りません。しかし、もっと新しい情報やプライベートな情報を使わせたいことは多いです。そこで、プロンプトに文脈 (context) を入れる方法が考えられます。

たとえばLangChainは2022年に登場したため、GPT-3.5やGPT-4はLangChainについて知りません。ChatGPTに「LangChainとは？」と質問しても、知らないという回答になってしまいます。場合によっては、ハルシネーション (Hallucination) と呼ばれる、LLMによる想像の回答になってしまうかもしれません。

図5.1 ChatGPTのLangChainについての応答

Model: GPT-4

勇樹 LangChainとは？

私の知識は2021年までのものであり、その時点では「LangChain」は一般的に知られている用語やサービスではありませんでした。したがって、具体的な詳細について提供することはできません。もしご質問が特定の技術、製品、またはサービスに関連している場合、最新の情報を得るためにその公式ウェブサイトをご覧いただくか、直接関連する企業にお問い合わせいただくことをお勧めします。

そこで、LangChainのREADME (https://github.com/langchain-ai/langchain/blob/master/README.md) の内容を文脈 (context) に含めて質問してみます。

```
文脈を踏まえて質問に1文で回答してください。

文脈: """
```

```
<LangChainのREADMEの内容>
"""

質問: LangChainとは?
```

すると、contextを踏まえてLangChainについて回答してくれました。

図5.2 プロンプトにLangChainの情報を含めた場合の応答

LangChainは、大規模言語モデル(LLMs)を組み合わせて強力なアプリケーションを開発するためのライブラリで、質問応答、チャットボット、エージェントなどのアプリケーションを作成することを支援します。

このように、質問に関係する文書の内容をcontextに含めることで、LLMが本来知らないことを回答してもらうことができます。ただし、LLMにはトークン数の最大値の制限があるため、あらゆるデータをcontextに入れることはできません。

そこで、入力に関係しそうな文書を検索してcontextに含める手法があります。文書をOpenAIのEmbeddings APIなどでベクトル化しておいて、入力にベクトルが近い文書を検索してcontextに含める手法はRAG (Retrieval Augmented Generation) 注1と呼ばれます。文書はあらかじめ用意したデータベースから検索することもあれば、Googleなどの検索エンジンでWeb上から検索することも考えられます。

LangChainのData connectionでは、とくにVector storeを使い、文書をベクトル化して保存しておいて、入力のテキストとベクトルの近い文書を検索してcontextに含めて使う方法が提供されています。

図5.3 RAG(Retrieval Augmented Generation)の概要

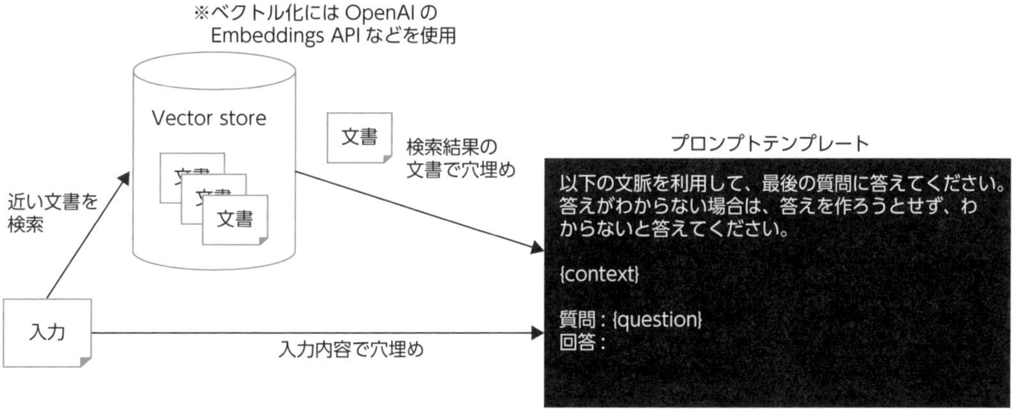

注1 実際には、RAGの論文「Retrieval-Augmented Generation for Knowledge-Intensive NLP Tasks (https://arxiv.org/abs/2005.11401)」では本書での解説とは少し異なる手法が提案されています。しかし、執筆時点は事実上、ベクトル検索した文書をプロンプトに含めて使う手法や、さらに広くは各種APIやGoogleなどの検索エンジンなどで検索したデータをプロンプトに含めて使う手法もRAGと呼ばれるようになってきています。

なお、テキストのベクトル化とは、テキストを数値の配列に変換することです。テキストのベクトル化にはさまざまな手法がありますが、一般的に、登場するキーワードや意味が近いテキストがベクトルとしても距離が近くなるように変換します。テキストのベクトル化自体は最近登場した技術ではなく、自然言語処理の分野で以前からよく使われています。後ほど具体的にどのようなベクトルになるのか例を見てみます。

Data connectionの概要

RAGに使えるLangChainのモジュールが「Data connection」です。Data connectionには次の5種類の機能があります。

- Document loaders：データソースからドキュメントを読み込む
- Document transformers：ドキュメントに何らかの変換をかける
- Text embedding models：ドキュメントをベクトル化する
- Vector stores：ベクトル化したドキュメントの保存先
- Retrievers：入力のテキストと関連するドキュメントを検索する

これらは情報源（ソース）となるデータからRetrieverによる検索まで、図5.4のようにつながります。

図5.4　Data connectionの要素のつながり

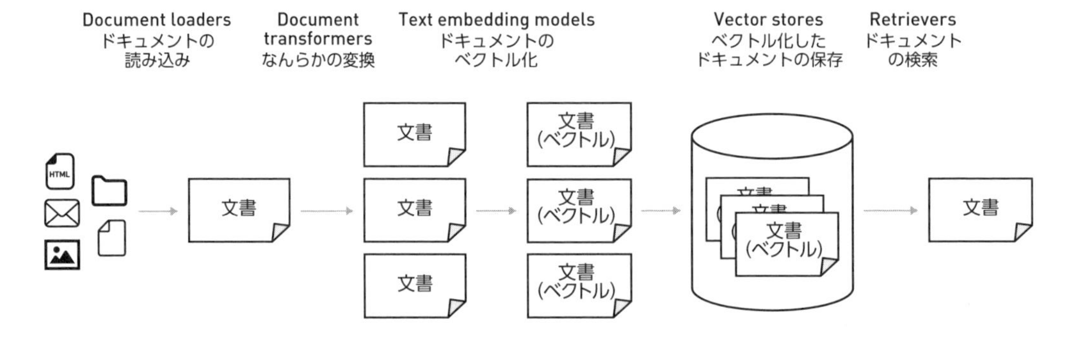

LangChainのドキュメントを読み込んでgpt-3.5-turboに質問する例で、実際にこの流れを実行してみましょう。

Document loaders

まずはLangChainのドキュメントを読み込む必要があります。データの読み込みに使うのが「Document loaders」です。

ここでは、GitHubのリポジトリで公開されているドキュメントを読み込むことにします。まず、GitPythonというパッケージが必要なため、インストールします。

```
!pip install GitPython==3.1.36
```

続いて、GitLoaderを使い、LangChainのリポジトリから、.mdxという拡張子のファイルを読み込みます[注2]。

```
from langchain.document_loaders import GitLoader

def file_filter(file_path):
    return file_path.endswith(".mdx")

loader = GitLoader(
    clone_url="https://github.com/langchain-ai/langchain",
    repo_path="./langchain",
    branch="master",
    file_filter=file_filter,
)

raw_docs = loader.load()
print(len(raw_docs))
```

このコードを実行すると、読み込んだデータの件数が次のような形で表示されます[注3]。

```
357
```

LangChainではとても多くのDocumentLoaderが提供されています。そのうちいくつかを表にまとめました。

注2　LangChainのドキュメントは執筆時点で.mdや.mdx、.ipynbなどの形式で書かれています。ここでは.mdxで書かれたドキュメントだけを読み込んでいます。また、本来はドキュメントをビルドしてから読み込むようにすると、より適切な挙動になる可能性があります。しかし、ドキュメントのビルド処理にはある程度時間がかかるため、本書では省略しています。

注3　表示される値はLangChainのアップデートで変わる可能性があります。この節の以後の実行結果も、LangChainのアップデートなどにより変わる可能性があります。

表5.1 LangChainが提供するDocumentLoader(一部)

DocumentLoader	概要
UnstructuredFileLoader	テキストファイル、パワーポイント、HTML、PDF、画像などのファイルを読み込む
DirectoryLoader	ディレクトリ内のすべてのファイルをUnstructuredFileLoaderなどで読み込む
SitemapLoader	サイトマップに従ってWebサイトの各ページを読み込む
S3DirectoryLoader	Amazon S3のバケットを指定してオブジェクトを読み込む
GitLoader	Gitリポジトリからファイルを読み込む
BigQueryLoader	Google BigQueryにSQLを発行し、行ごとにドキュメントとして読み込む
GoogleDriveLoader	Google Driveからファイルを読み込む
ConfluenceLoader	Confluenceのページを読み込む
NotionDirectoryLoader	Notionからexportしたファイルを読み込む
SlackDirectoryLoader	Slackからexportしたファイルを読み込む
HuggingFaceDatasetLoader	Hugging Face Hubからデータセットを読み込む

LangChainには本稿執筆時点でも150を超えるDocumentLoaderがあります。LangChainの各種インテグレーションはWebサイト(https://integrations.langchain.com/)にまとまっています。

Document transformers

DocumentLoaderで読み込んだデータは「ドキュメント」と呼びます。読み込んだドキュメントには何らかの変換をかけることも多いです。ドキュメントに何らかの変換をかけるのが「Document transformers」です。

たとえば、ドキュメントをある程度の長さでチャンク[注4]に分割したい場合があります。ドキュメントを適切な大きさのチャンクに分割することで、LLMに入力するトークン数を削減したり、より正確な回答を得やすくなります。LangChainのCharacterTextSplitterというクラスを使ってドキュメントをチャンクに分割する例は、次のようになります。

```
from langchain.text_splitter import CharacterTextSplitter

text_splitter = CharacterTextSplitter(chunk_size=1000, chunk_overlap=0)

docs = text_splitter.split_documents(raw_docs)
len(docs)
```

このコードを実行すると、次のように表示されます。

```
1005
```

もともと357個だったドキュメントが1005個に分割されました。

注4　分割したテキストの1つ1つを「チャンク」と呼びます。

前述の例では、文字数でチャンクに分割しました。他にも、tiktokenで計測したトークン数で分割したり、Pythonなどのソースコードをできるだけクラスや関数のようなまとまりで分割したりする機能も提供されています。

また、ドキュメントをチャンクに分割する以外にも、いくつかの変換処理がサポートされています。

表5.2　LangChainが提供するDocumentTransformer(一部)

DocumentTransformer	概要
Html2TextTransformer	HTMLをプレーンテキストに変換する
EmbeddingsRedundantFilter	類似したドキュメントを除外する
OpenAIMetadataTagger	メタデータを抽出する
DoctranTextTranslator	ドキュメントを翻訳する
DoctranQATransformer	ユーザーの質問と関連しやすくなるよう、ドキュメントからQ&Aを生成する

Text embedding models

ドキュメントの変換処理を終えたら、テキストをベクトル化します。本書ではOpenAIのEmbeddings APIを使い、text-embedding-ada-002というモデルでテキストをベクトル化します。

LangChainにはOpenAIのEmbeddings APIをラップした、OpenAIEmbeddingsというクラスがあります。OpenAIEmbeddingsのようにテキストのベクトル化に使えるのが「Text embedding models」です。まず、OpenAIEmbeddingsのインスタンスを作成します。

```
from langchain.embeddings.openai import OpenAIEmbeddings

embeddings = OpenAIEmbeddings()
```

ドキュメントのベクトル化の処理は、次に説明するVector storeのクラスにデータを保存する際に内部的に実行されます。しかしそれではベクトル化のイメージがつきにくいので、ここでベクトル化を試してみます。

次のコードを実行するにはtiktokenというパッケージが必要なため、tiktokenをインストールします。

```
!pip install tiktoken==0.5.1
```

OpenAIEmbeddingsを使ってテキストをベクトル化してみます。

```
query = "AWSのS3からデータを読み込むためのDocumentLoaderはありますか？"

vector = embeddings.embed_query(query)
print(len(vector))
print(vector)
```

このコードを実行すると、次のように表示されます。

```
1536
[-0.01573328673839569, -0.0008924700086936355, <省略>, 0.016235990449786186]
```

「AWSのS3からデータを読み込むためのDocumentLoaderはありますか？」という文字列が、1536次元のベクトル(数値のリスト)に変換されています。

Vector stores

続いて、保存先のVector storeを準備して、ドキュメントをベクトル化して保存します。本章では、「Chroma」[注5]というローカルで使用可能なVector storeを使います。まず、Chromaを使うのに必要なパッケージをインストールします。

```
!pip install chromadb==0.4.10
```

チャンクに分割したドキュメントと、Text embedding modelをもとに、Vector storeを初期化します。

```
from langchain.vectorstores import Chroma

db = Chroma.from_documents(docs, embeddings)
```

これで、用意したドキュメントをベクトル化してVector storeに保存できました。

なおLangChainでは、Chroma以外にもFaiss、Elasticsearch、Redisなど[注6]Vector storesとして使える多くのインテグレーションが提供されています。

Retrievers

Vector storeに対しては、ユーザーの入力に関連するドキュメントを得る操作を行います。LangChainにおいて、テキストに関連するドキュメントを得るインタフェースを「Retriever」といいます。

Vector storeのインスタンスからRetrieverを作成します。

注5 https://www.trychroma.com/
注6 Faiss：https://faiss.ai/index.html
Elasticsearch：https://www.elastic.co/jp/elasticsearch
Redis：https://redis.io/

```
retriever = db.as_retriever()
```

Retrieverを使って、試しに「AWSのS3からデータを読み込むためのDocumentLoaderはありますか？」という質問に近いドキュメントを検索してみます。

```
query = "AWSのS3からデータを読み込むためのDocumentLoaderはありますか？"

context_docs = retriever.get_relevant_documents(query)
print(f"len = {len(context_docs)}")

first_doc = context_docs[0]
print(f"metadata = {first_doc.metadata}")
print(first_doc.page_content)
```


このコードを実行すると、次のように表示されます。

````
len = 4
metadata = {'file_name': 'aws_s3.mdx', 'file_path': 'docs/extras/integrations/
providers/aws_s3.mdx', 'file_type': '.mdx', 'source': 'docs/extras/integrations/
providers/aws_s3.mdx'}
# AWS S3 Directory

>[Amazon Simple Storage Service (Amazon S3)](https://docs.aws.amazon.com/AmazonS3
/latest/userguide/using-folders.html) is an object storage service.

>[AWS S3 Directory](https://docs.aws.amazon.com/AmazonS3/latest/userguide/using
-folders.html)

>[AWS S3 Buckets](https://docs.aws.amazon.com/AmazonS3/latest/userguide/UsingBucket
.html)


## Installation and Setup

```bash
pip install boto3
```


## Document Loader

See a [usage example for S3DirectoryLoader](/docs/integrations/document_loaders
/aws_s3_directory.html).

See a [usage example for S3FileLoader](/docs/integrations/document_loaders/aws_s3
_file.html).
````

```python
from langchain.document_loaders import S3DirectoryLoader, S3FileLoader
```

4つのドキュメントが見つかり、そのうち1つ目は「docs/extras/integrations/providers/aws_s3.mdx」で、AWSのS3を対象としたDocumentLoaderについて書かれています。Retrieverに与えたテキストと近い文書を得ることができていますね。

Retrieverの内部では、与えられたテキスト(query)をベクトル化して、Vector storeに保存された文書のうち、ベクトルの距離が近いものを探しています。

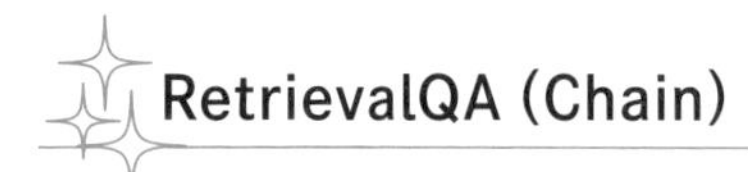

RetrievalQA (Chain)

ここまでで、ドキュメントをベクトル化して保存しておいて、ユーザーの入力に近いドキュメントを検索(Retrieve)する処理を実施してみました。チャットボットなどのアプリケーションとしては、入力に関連する文書を取得(Retrieve)するのに加えて、取得した内容をPromptTemplateにcontextとして埋め込んで、LLMに質問して回答(QA)してもらいたい場合があります。

図5.5 RetrievalQA

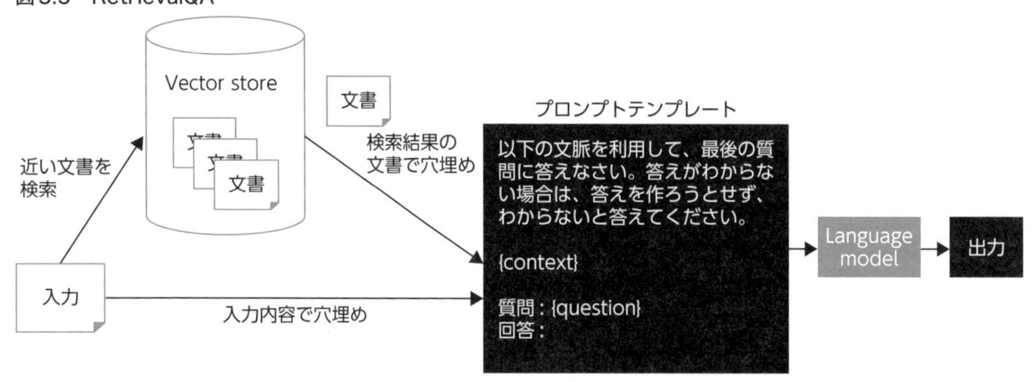

この一連の処理のために、RetrievalQAという名前のChainが提供されています。RetrievalQAを使うサンプルコードは次のようになります。

```
from langchain.chains import RetrievalQA
from langchain.chat_models import ChatOpenAI

chat = ChatOpenAI(model_name="gpt-3.5-turbo", temperature=0)
qa_chain = RetrievalQA.from_chain_type(llm=chat, chain_type="stuff", retriever=retriever)
```

```
result = qa_chain.run(query)
print(result)
```

このコードを実行すると、LLMの回答は次のようになります。

```
はい、AWSのS3からデータを読み込むためのDocumentLoaderがあります。`S3DirectoryLoader`
と`S3FileLoader`を使用することができます。以下は使用例です。

```python
from langchain.document_loaders import S3DirectoryLoader, S3FileLoader

# S3ディレクトリからドキュメントをロードする例
s3_directory_loader = S3DirectoryLoader(bucket_name='my-bucket', prefix='my
-directory/')
documents = s3_directory_loader.load()

# S3ファイルからドキュメントをロードする例
s3_file_loader = S3FileLoader(bucket_name='my-bucket', key='my-file.txt')
document = s3_file_loader.load()
```

詳細な使用方法については、[S3DirectoryLoaderの使用例](/docs/integrations/document_loaders
/aws_s3_directory.html)と[S3FileLoaderの使用例](/docs/integrations/document_loaders
/aws_s3_file.html)を参照してください。
```

Retrieverで取得したテキストを踏まえて回答してくれました。

なお、前ページのコードではchain_typeとして「stuff」を指定していますが、他にもいくつかの設定が可能で、それぞれ処理が異なります。chain_typeについては後のコラムで解説します。

Data connectionのまとめ

この節では、LangChainのData connectionの基本を解説してきました。Data connectionを使うことで、たとえば社内文書に対してQ&Aが可能なチャットボットを実装することができます。第8章ではそのようなチャットボットの実装例を解説します。

この節のサンプルコードでは、最終的にRetrievalQAというChainを使いました。RetrievalQAでは入力に近い文書を検索して使いますが、実際のアプリケーションでは、単に入力に近い文書を使えばいいとは限りません。たとえば、RetrievalQAのような処理を会話履歴にも対応させるためには、もう一工夫必要です。そのため、LangChainではConversationalRetrievalChainといったChainも提供されています。ConversationalRetrievalChainやその他の工夫についても第8章で解説するので、楽しみにしておいてください。

COLUMN

RetrievalQAにおけるchain_type

本文中のRetrievalQAを使うサンプルコードでは、chain_typeとして「stuff」を指定しているため、入力と関連する複数の文書を同時にプロンプトに含めて回答を得るようになっています。

図5.6 stuff

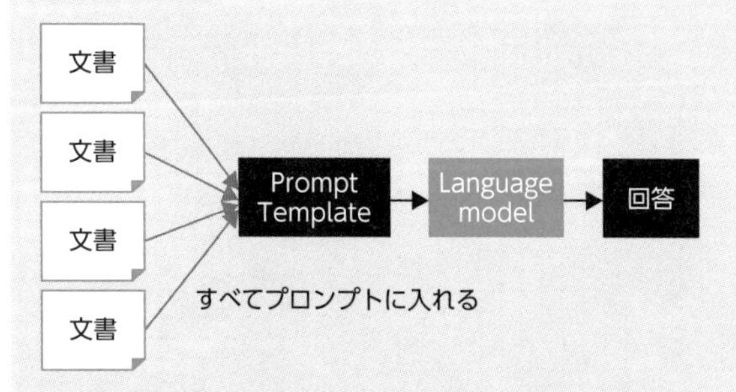

RetrievalQAでは、chain_typeとして他にも「map_reduce」「map_rerank」「refine」を選択することができ、それぞれ処理の流れが異なります。

chain_typeとしてmap_reduceを選択すると、それぞれの文書に対して回答を得て（map）、その後、最終的な回答を得る（reduce）という流れになります。

図5.7 map_reduce

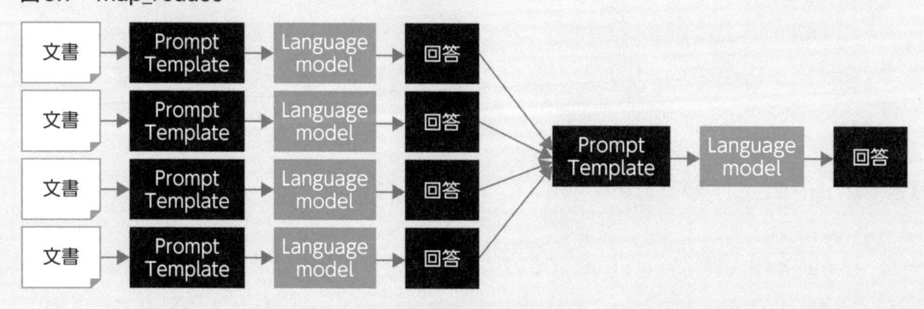

chain_typeとしてmap_rerankを選択すると、map_reduceと同様にそれぞれの文書に対して回答を得ると同時に、LLMが回答にスコアをつけます。そのスコアが最も高かった回答が、最終的な回答として採用されます。

図5.8 map_rerank

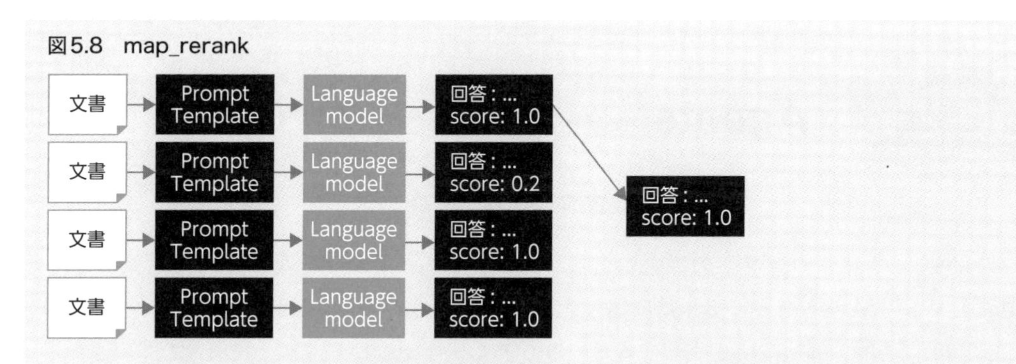

最後に、chain_typeにrefineを指定した場合は、LLMに1つずつ文書を与えて回答を徐々に作らせます。つまり、だんだんと回答をブラッシュアップしていくような流れになります。

図5.9 refine

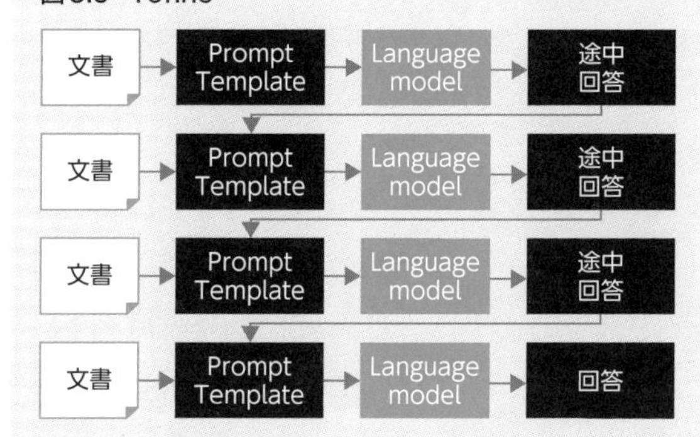

「stuff」「map_reduce」「map_rerank」「refine」は、扱える文書の長さや、LLMの呼び出しの回数、処理の並列化の可否といった違いがあり、状況に応じて使い分けることになります。

なお、「stuff」「map_reduce」「refine」の処理は、RetrievalQAだけでなく、複数の文書の要約といったユースケースでも使うことができます。

5.2 Agents

ここまで、とくにプロンプトの工夫によって、LLMでさまざまな処理が実現可能なことを見てきました。LLMの応用として非常に盛り上がっている分野の1つが「AIエージェント」です。LangChainでAIエージェントを実装するためのモジュール「Agents」について解説していきます。

Agentsの概要

RetrievalQA (Chain) では、Vector storeを検索して、検索結果を踏まえてLLMに回答させました。LangChainには他にも、LLMの応答をもとにAPIを呼び出すOpenAPIEndpointChainやSQLを実行するSQLDatabaseChainといったChainsもあります。

これらのChainsは、固定的な処理の流れを実現するものです。一方で、どんな処理を行うべきか、LLMに選択して動いてほしい場合があります。たとえば、ユーザーの入力内容を踏まえて、必要に応じて、社内文書をVector storeから検索して回答したり、Web上の情報を検索して回答してくれたりする・・・そんな挙動にできたら、LLMで実現できることは大きく広がります。そのような動作を実現できるのが、LangChainの「Agents」です。

LangChainのAgentsを使うと、必要に応じてさまざまなツールを使いながら、LLMに動作してもらうことができます。ツールとしては、Vector storeを使って特定分野のデータを検索して使わせることもできれば、Googleなどの検索エンジンのAPIを使わせたりすることもできます。

Agentsの使用例

Agentsについて聞くとFunction callingの応用だと想像するかもしれません。しかし、LangChainのAgentsモジュール自体は、Function callingの登場以前から存在しています。Function calling機能を持たないモデルでもAgentsを実装可能なことを理解するため、まずはFunction callingを使わないAgentsについて見ていきます。

LangChainにはさまざまな種類のAgentsが実装されていますが、ここでは「zero-shot-react-description」という種類のAgentsを使う例を実装してみます。サンプルコードは次のようになります。

```
from langchain.agents import AgentType, initialize_agent, load_tools
```

```
from langchain.chat_models import ChatOpenAI

chat = ChatOpenAI(model_name="gpt-3.5-turbo", temperature=0)
tools = load_tools(["terminal"])
agent_chain = initialize_agent(
    tools, chat, agent=AgentType.ZERO_SHOT_REACT_DESCRIPTION
)

result = agent_chain.run("sample_dataディレクトリにあるファイルの一覧を教えて")
print(result)
```

このコードでは、load_toolsという関数で「terminal」というツールを準備しています。「terminal」というのは、Bashなどのシェルでコマンドを実行できるツールです。

そして、initialize_agentという関数を使って「zero-shot-react-description」という種類のAgentを初期化し、「sample_dataディレクトリにあるファイルの一覧を教えて」という質問をしています。

このコードを実行すると、次のように出力されます。

```
anscombe.json, california_housing_test.csv, california_housing_train.csv, mnist_test
.csv, mnist_train_small.csv, README.md
```

実際にGoogle Colab上でsample_dataディレクトリにあるファイルを確認すると、Agentの実行結果と一致しています。

図5.10　Google Colabのsample_dataディレクトリ

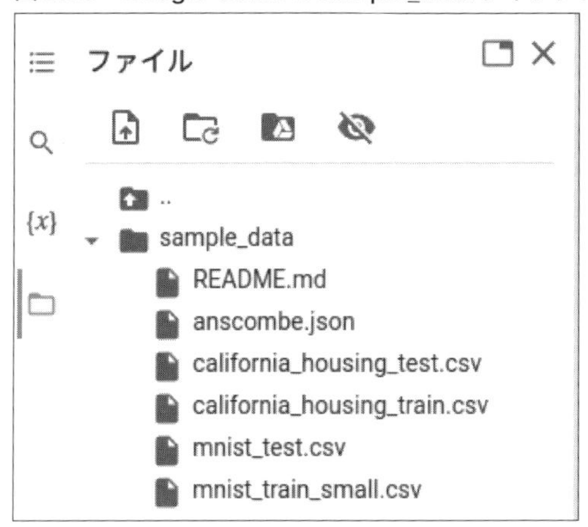

ところで、ChatGPTに対して、「Ubuntu22.04のエミュレータのようにふるまってください。lsコマンドの実行結果を表示してください。」といった入力を与えると、lsコマンドの実行結果を想像してくれます。

図5.11 ChatGPTにコマンドの実行結果を想像させる例

しかしこのChatGPTの応答内容はLLMの想像であり、実際にlsコマンドを実行してファイルの一覧を確認したわけではありません。

一方、Agentsを使った実行結果では、本当に指定したディレクトリにあるファイルの一覧が表示されています。Agentsを使った場合の応答は、LLMの想像ではなく、実際に現在のディレクトリにあるファイルの一覧を踏まえたものなのです。

Agentsの仕組み―ReActという考え方

先ほど試した「zero-shot-react-description」というAgentは、「ReAct: Synergizing Reasoning and Acting in Language Models」という論文[注7]に基づく実装で、「ReAct」という仕組みで動いています。

ReActの仕組みを理解するには、内部のプロンプトに注目するのがポイントです。ここから、LangChainで「zero-shot-react-description」を使った際のプロンプトとLLMの応答を見ていきます。

まず最初に、次のプロンプトでLLMが呼び出されます。

```
Answer the following questions as best you can. You have access to the following tools:

terminal: Run shell commands on this Linux machine.
```
使用できるツールの説明

注7 ReAct: Synergizing Reasoning and Acting in Language Models
https://react-lm.github.io/

```
Use the following format:

Question: the input question you must answer
Thought: you should always think about what to do
Action: the action to take, should be one of [terminal]
Action Input: the input to the action
Observation: the result of the action
... (this Thought/Action/Action Input/Observation can repeat N times)
Thought: I now know the final answer
Final Answer: the final answer to the original input question

Begin!

Question: sample_dataディレクトリにあるファイルの一覧を教えて
Thought:
```

ツールを使いたいときの出力形式の説明

このプロンプトの先頭には、「後の質問にできるだけ良い回答をしてください。あなたは次のツールを使うことができます。」といった内容が書かれています。そして、「terminal」という名前のLinuxマシンでシェルコマンドを実行可能なツールがあると書かれています。

その下側では、LLMの出力が従うべき形式が指定されています。とくに重要なのは

- 「Action:」と書いて、アクションを指定できる
- 「Action Input:」と書いて、アクションの入力を指定できる

と書かれていることです。

このプロンプトに対して、LLMは次のような応答を返します。

```
I need to list the files in the sample_data directory.
Action: terminal
Action Input: ls sample_data
```

入力のプロンプトが「Thought:」で終了していたため、1行目は「I need to list the files in the sample_data directory.」というLLMの考えになっています。そして、Actionとして「terminal」が指定され、「Action Input」として「ls sample_data」が指定されています。

LangChainのAgentは、この応答の文字列からActionとAction Inputの内容を正規表現で抽出します。そして、terminalというツールで「ls sample_data」を実行したいという内容に従って、実際にシェルで「ls sample_data」というコマンドを実行します。

すると、次のようにファイルの一覧を得ることができます。

```
anscombe.json
```

```
california_housing_test.csv
california_housing_train.csv
mnist_test.csv
mnist_train_small.csv
README.md
```

そしてAgentは、元のプロンプトに、LLMの応答とアクションの実行結果を付け足したプロンプトを作成します。

```
Answer the following questions as best you can. You have access to the following tools:

terminal: Run shell commands on this Linux machine.

Use the following format:

Question: the input question you must answer
Thought: you should always think about what to do
Action: the action to take, should be one of [terminal]
Action Input: the input to the action
Observation: the result of the action
... (this Thought/Action/Action Input/Observation can repeat N times)
Thought: I now know the final answer
Final Answer: the final answer to the original input question

Begin!

Question: sample_dataディレクトリにあるファイルの一覧を教えて
Thought:I need to list the files in the sample_data directory.
Action: terminal
Action Input: ls sample_data
Observation: anscombe.json
california_housing_test.csv
california_housing_train.csv
mnist_test.csv
mnist_train_small.csv
README.md

Thought:
```

LLMの応答とアクションの実行結果

このプロンプトに対して、LLMは次のような応答を返します。

```
I now know the files in the sample_data directory.
Final Answer: anscombe.json, california_housing_test.csv, california_housing_train
.csv, mnist_test.csv, mnist_train_small.csv, README.md
```

LangChainのAgentsは、「Final Answer:」の箇所を最終的な回答として取り出します。

```
anscombe.json, california_housing_test.csv, california_housing_train.csv, mnist_test.
csv, mnist_train_small.csv, README.md
```

このように、プロンプトの工夫によって、LLMとの対話にとどまらず、LLMにアクションを選択して動作させることができます。Agentsを使うことで、LLMで実現できることは大きく広がります。

LangChainにはReAct以外にも、Plan-and-Solveという仕組みで動作するAgentや、Function callingで動作するAgentもあります。Function callingで動作するAgentは後ほど紹介します。

Tools

LangChainのAgentsには、さまざまなツールを与えることができます。たとえば、表5.3のようなツールが提供されています。

表5.3 Agentのツールの例

ツール名	概要
terminal	シェルでコマンドを実行する
Python_REPL	Pythonのコードを実行する
google_search	Googleで検索する
Wikipedia	Wikipediaを検索する
human	人間に入力させる（人間に助けを求める）

ツールの実体は非常にシンプルで、単なるPythonの関数です。ツールの自作方法もいくつか提供されています。たとえば次のようにして簡単に自作のツールを作成することができます。

```
from langchain.tools import Tool

def my_super_func(param):
    return "42"

tools = [
    Tool.from_function
        func=my_super_func,
        name="The_Answer",
        description="生命、宇宙、そして万物についての究極の疑問の答え"
    ),
]
```

任意のPythonの関数をツールにできるので、もちろんChainsをツールにすることもできます。たとえばテキストの要約のChainを作成してAgentsのツールにする例は次のようになります。

```
from langchain.chat_models import ChatOpenAI
from langchain.prompts import PromptTemplate
```

```
from langchain import LLMChain

summarize_template = """以下の文章を結論だけ一言に要約してください。

{input}
"""
summarize_prompt = PromptTemplate(
    input_variables=["input"],
    template=summarize_template,
)

chat = ChatOpenAI(model_name="gpt-3.5-turbo", temperature=0)
summarize_chain = LLMChain(llm=chat, prompt=summarize_prompt)

tools = [
    Tool.from_function(
        func=summarize_chain.run,
        name="Summarizer",
        description="Text summarizer"
    ),
]
```

なお、Agentsに与えるツール次第では、任意のコマンドやプログラム・SQLなどが実行できてしまい、危険な場合があります。そのような場合に備えて、LLMが実行しようとした内容を人間がチェックする「Human-in-the-loop」を導入することも考えられます。LangChainでは、ツールにHuman-in-the-loopの仕組みを追加するHumanApprovalCallbackHandlerが提供されています。

Toolkits

同時に使うツールをいくつかとりまとめたのがToolkitsです。たとえば、Agentsを使って、GitHubに対していろいろな操作をさせたいとします。その際、次のようにいくつものツールを用意することになります。

- Issueの一覧の取得
- Issueの詳細の取得
- Issueにコメントする
- ファイルを作成する
- ファイルを読み込む
- ファイルを更新する
- ファイルを削除する

LangChainで提供されているToolkitsを使うことで、このようなツールをまとめて用意することができます。

前述のGitHubの操作であれば、GitHubToolkitを使って簡単にツールを取り揃えることができます。

LangChainでは、他にもさまざまなToolkitsが提供されています。その一部を紹介します。

表5.4 LangChainのToolkitsの一部

Toolkits	含まれるツールの概要
AzureCognitiveServicesToolkit	Azure Cognitive ServicesのAPIのいくつかの機能
GmailToolkit	Gmailでのメールの検索や送信
JiraToolkit	Jiraでの課題の検索や作成
O365Toolkit	Office 365のカレンダーの検索やメールの送信
OpenAPIToolkit	OpenAPI仕様（Swagger）に従った各種API操作
SQLDatabaseToolkit	データベースのスキーマの取得やSQLの実行
VectorStoreToolkit	ベクターストアの単なる検索とソース（情報源）付きの検索
ZapierToolkit	ZapierのNatural Language Actionsの各種アクション

Function callingを使うOpenAI Functions Agent

ここまで、Agentsの基本を解説してきました。ReActやPlan-and-Solveといった工夫でAgentsを動かすことができますが、この仕組みでは安定的に動作させるのは簡単ではありません。たとえばzero-shot-react-descriptionという種類のAgentでは、内部で次のような応答を返すことを指示します。

```
Action: terminal
Action Input: ls sample_data
```

しかし、LLMがこの出力形式に従ってくれず、Agentsの実行がエラーになることは少なくありません。

Function callingに対応したLLMを使う場合は、Function callingを使ったAgentsを使用すると、動作が安定しやすいです。Function callingを使用したOpenAI Functions Agentを使うサンプルコードは次のようになります。

```
from langchain.agents import AgentType, initialize_agent, load_tools
from langchain.chat_models import ChatOpenAI

chat = ChatOpenAI(model="gpt-3.5-turbo", temperature=0)
tools = load_tools(["terminal"])
agent_chain = initialize_agent(tools, chat, agent=AgentType.OPENAI_FUNCTIONS)
```

```
result = agent_chain.run("sample_dataディレクトリにあるファイルの一覧を教えて")
print(result)
```

このAgentsの内部の動作は、LangChainなしでFunction callingを使う場合とほとんど同じです。しかし、第3章のFunction callingのサンプルコードと比べると、非常に少ないコード量となっています。

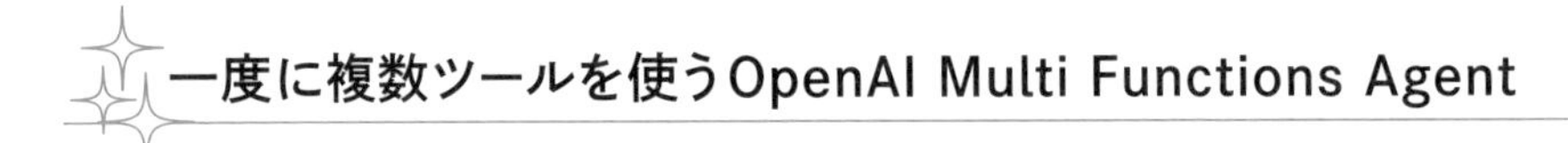

一度に複数ツールを使うOpenAI Multi Functions Agent

Agentsの最後のトピックとして、一度に複数ツールを使う「OpenAI Multi Functions Agent」を紹介します。

まずはサンプルコードから見ていくことにします。ここでは、Agentsのツールとして検索エンジンを使うことにします。APIキーを準備せずに使えるため、DuckDuckGoという検索エンジンを使います。pip installで、DuckDuckGoのツールを使うのに必要なパッケージをインストールします。

```
!pip install duckduckgo-search==3.8.5
```

続いて、DuckDuckGoをツールとして、OpenAI Multi Functions Agentを初期化して、「東京と大阪の天気を教えてください」という入力で実行します。

```
from langchain.agents import AgentType, initialize_agent, load_tools
from langchain.chat_models import ChatOpenAI

chat = ChatOpenAI(model="gpt-3.5-turbo", temperature=0)
tools = load_tools(["ddg-search"])
agent_chain = initialize_agent(tools, chat, agent=AgentType.OPENAI_MULTI_FUNCTIONS)

result = agent_chain.run("東京と大阪の天気を教えて")
print(result)
```

このコードの実行結果は、たとえば次のようになります[注8]。

```
東京の天気予報は、晴れが続き、気温は27℃前後で暑くなります。降水確率は低く、熱中症に注意が必要です。週間天気や指数情報、雨雲レーダーやピンポイント天気も確認できます。
大阪の天気予報は、大阪市の天気は34℃/26℃で、降水確率は50%です。近畿地方の天気予報も確認できます。
詳細な情報や最新の天気情報は、気象庁のウェブサイトや天気予報アプリをご利用ください。
```

DuckDuckGoで検索したうえで、東京と大阪の天気を回答してくれたようですね。「OpenAI Multi Functions Agent」ではなく、「OpenAI Functions Agent」を使っても、同じような回答が得

注8　DuckDuckGoでの検索では、適切な検索結果が得られなかったり、検索自体がエラーになることもあります。そのような場合は少し時間をおいてもう一度試してみてください。

られます。それでは、「OpenAI Multi Functions Agent」は何が特別なのでしょうか。

ポイントは、この質問に対しては、明らかにツール（関数）を2回実行する必要があることです。東京と大阪の天気を聞かれたら、1度の検索で調べるのではなく、「東京 天気」と「大阪 天気」で2回検索する方が多いのではないでしょうか？ 実際に、私が確認した範囲では、gpt-3.5-turboは「東京 天気」と「大阪 天気」のように2つ検索しようとしました。

この2回のツールの使用を、通常のFunction callingやOpenAI Functions Agentで実施すると、図5.12のような動きになります。

図5.12　通常のFunction callingやAgentType.OPENAI_FUNCTIONSの場合

普通にFunction callingやOpenAI Functions Agentを使うだけでは、このように、Chat Completions APIをツール（関数）を使う回数だけ呼び出して、その後でようやく最終的な回答をもらえるわけです。

それに対して、OpenAI Multi Functions Agentを使うと、内部の動作は図5.13のようになります。

図5.13 AgentType.OPENAI_MULTI_FUNCTIONSの場合

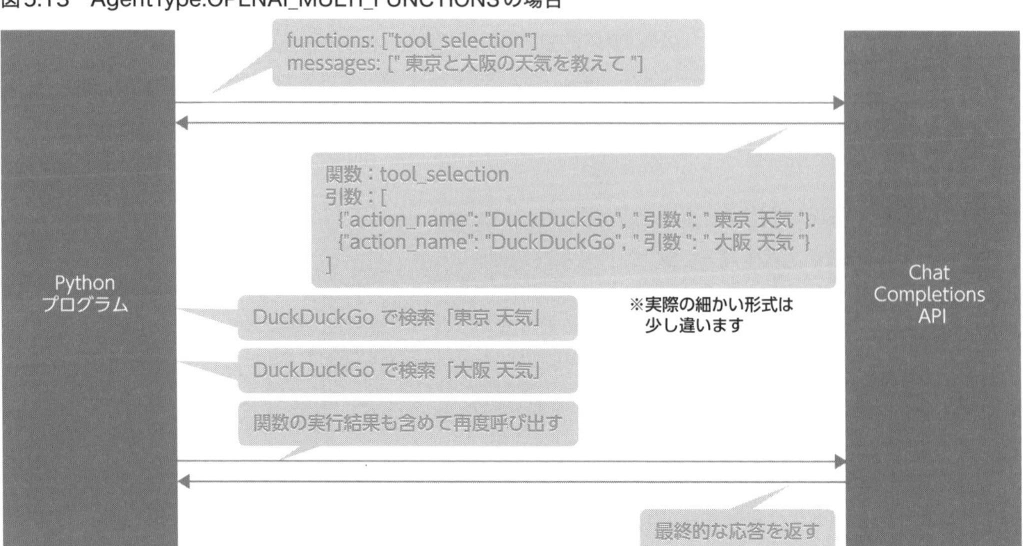

OpenAI Multi Functions Agentを使うと、ツールを直接Function callingの関数とするのではなく、ツールをまとめたtool_selectionという関数が用意されます。LLMはtool_selectionという関数の引数として、使いたいツールの名前と引数を、リストで同時に複数返してきます。今回の例だと、2回検索したいという意味の応答が返ってくるということです。

すると、LangChainのAgentsは、2回の検索を行い、その結果をLLMに返します。このような動作にすることで、LLMとのやりとりの回数が減るという効果が得られるわけです。

OpenAI Multi Functions Agentは、Function callingの応用としてとてもおもしろい工夫です。同様の工夫は、もちろんLangChainを使わずにFunction callingを直接使う場合でも取り入れることができます。LangChainのドキュメントを読んだりアップデートを追いかけたりしていると、このようにLangChain以外でも使える工夫が学べることは多いです。

Agentsのまとめ

ここまで、Agentsについて解説してきました。固定的な処理の流れを実現するChainsとは異なり、Agentsを使うと、LLMにどのツールを使うか選択しながら動作してもらうことができます。

このように自律的に動作する「AIエージェント」は、とくにAuto-GPTやBabyAGIの登場以来、LLMの応用として大きく注目されています。AIエージェントを仮想的な街に住まわせて観察した有名な論文として「Generative Agents: Interactive Simulacra of Human Behavior (https://arxiv.org/abs/2304.03442)」がありますが、LangChain (langchain_experimental) には、その実装を試すための機能もあります。AIエージェントのように、LLMの用途として、単なるチャットボットにとらわれない方向性を考えてみるのもおもしろいはずです。

COLUMN

Function callingを応用したOutputParser・Extraction・Tagging

Function callingは、実際に関数を呼び出さなくても、JSON形式のデータを確実に出力させるのに役立ちます。そのため、LangChainにはFunction callingを応用したJsonOutputFunctionsParserやPydanticOutputFunctionsParserといったクラスがあります。

また、Function callingを応用して、テキストから指定した形式でデータを抽出したり、ネガティブ・ポジティブなどのタグ付けを実施したりすることもできます。

たとえば、入力のテキストから、人の名前・身長・髪の色・犬の名前・犬種を抽出する例は次のようになります。

```
import json

from langchain.chat_models import ChatOpenAI
from langchain.chains import create_extraction_chain, create_extraction_chain_pydantic
from langchain.prompts import ChatPromptTemplate

schema = {
    "properties": {
        "person_name": {"type": "string"},
        "person_height": {"type": "integer"},
        "person_hair_color": {"type": "string"},
        "dog_name": {"type": "string"},
        "dog_breed": {"type": "string"},
    },
    "required": ["person_name", "person_height"],
}
text = """
Alex is 5 feet tall. Claudia is 1 feet taller Alex and jumps higher than him.
Claudia is a brunette and Alex is blonde.
```

```
Alex's dog Frosty is a labrador and likes to play hide and seek.
"""

chat = ChatOpenAI(model="gpt-3.5-turbo", temperature=0)
chain = create_extraction_chain(schema, chat)

people = chain.run(text)
print(json.dumps(people, indent=2))
```

コードはLangChainの公式ドキュメントをもとに一部改変：
https://python.langchain.com/docs/use_cases/extraction

このコードを実行すると、次のようにスキーマとして定義した情報が抽出されます。

```
[
  {
    "person_name": "Alex",
    "person_height": 5,
    "person_hair_color": "blonde",
    "dog_name": "Frosty",
    "dog_breed": "labrador"
  },
  {
    "person_name": "Claudia",
    "person_height": 6,
    "person_hair_color": "brunette"
  }
]
```

このとき、Chat Completions APIへのリクエストでは「"function_call": {"name": "information_extraction"}」のようにして強制的に関数が呼び出されるようになっており、確実にデータの抽出が実行されるようになっています。

まとめ

この章では、LangChainに登場する基本的な概念を整理しました。LangChainを学ぶことは、単に1つのフレームワークを習得することにとどまらず、LLMを使ったアプリケーション開発についてさまざまなアイデアを学ぶことになります。LangChainの公式ドキュメントを読んだり、アップデートを追いかけてみたりするのは、LLMの使い方の例を学ぶ目的でもとてもおすすめです。また、awesome-langchain（https://github.com/kyrolabs/awesome-langchain）というLangChainのエコシステムをまとめたGitHubリポジトリもあるので、ぜひ参考にしてください。

COLUMN

Evaluation

LangChainを使うことで、デモンストレーション用のプログラム程度であれば簡単に実装できてしまいます。しかし、LLMを使ったアプリケーションを本番レベルにするのは簡単ではありません。本番レベルのアプリケーションを実装しようとすると発生する課題の1つに「評価」があります。

LangChainでは「Evaluation」という、LLMを使ったアプリケーションの評価に関する機能がいくつか提供されています。

テキストの距離による評価

LLMが生成したテキストの正しさをテストするのが難しい要因の1つは、期待値に対してまったく同じテキストが生成されるとは限らないことです。

そこでLangChainでは、LLMの生成したテキストと期待値のテキストの距離を使って評価するChainsが提供されています。テキストの距離の算出にEmbeddingを使うEmbeddingDistanceEvalChainや、レーベンシュタイン距離などのアルゴリズムを使うStringDistanceEvalChainといったChainsがあります。

LLMによる評価

LLMが生成したテキストの妥当性をLLMに評価させる方法もあります。この手法のシンプルなChainとしては、QAEvalChainがあります。QAEvalChainを使うサンプルコードは次のようになります。

```
from langchain.chat_models import ChatOpenAI
from langchain.evaluation import load_evaluator

chat = ChatOpenAI(model="gpt-4", temperature=0)

evaluator = load_evaluator("qa", eval_llm=chat)

result = evaluator.evaluate_strings(
    input="私は市場に行って10個のリンゴを買いました。隣人に2つ、修理工に2つ渡しました。それから5つのリンゴを買って1つ食べました。残りは何個ですか？",
    prediction="""1最初に10個のリンゴを買い、その中から隣人と修理工にそれぞれ2個ずつ渡しました。そのため、まず手元に残ったリンゴは10 - 2 - 2 = 6個となります。

その後、さらに5個のリンゴを買い、1つ食べました。これにより手元のリンゴは6 + 5 - 1 = 10個となります。""",
    reference="10個",
)

print(result)
```

入力の引用元：Chain-of-Thoughtプロンプティング
https://www.promptingguide.ai/jp/techniques/cot

このコードでは、入力のテキスト（input）に対して生成された応答（prediction）が、期待値（reference）を踏まえて正しいか、gpt-4に評価させています。この例ではpredictionの値が固定の文字列になっていますが、実際にはLLMの応答を評価させる、ということです。

前ページのコードを実行すると、次のような出力になります。

```
{'reasoning': None, 'value': 'CORRECT', 'score': 1}
```

生成された応答（prediction）が正しいと判断され「CORRECT」と表示されています。LLMを使うことで、この例のように文章が完全に一致していなくても正解・不正解などを評価できる場合があります。

LLMを使った評価の例として、gpt-3.5-turboでアプリケーションを運用したい場合に、テストとしてgpt-3.5-turboの応答をgpt-4に評価させるといった工夫も考えられます。他には、CoTプロンプティングを使って評価の精度を高めるといった工夫も考えられます。実際LangChainには、評価にCoTプロンプティングを使うCotQAEvalChainというChainも実装されています。

「LLMの出力をLLMに評価させる」ことは、そもそも評価として成立しているのか難しい問題です。ただ、ChatGPTに自身の出力を見直させて、誤りを訂正できる場合があることを考えると、ある程度意味のある手法といえるのかもしれません。なお、LLMによる評価にはバイアスがあるとも言われており、使用時は注意が必要です[注9]。

Evaluationのまとめ

LLMを使ったアプリケーションの評価は、本番レベルの開発ではとても重要です。しかし、まだまだ発展途上の分野でもあります。LangChainでは、LLMを使ったアプリケーション開発について、新しい手法・実験的な手法も次々実装されていきます。LangChainに注目しておくことで、LLMを使ったアプリケーションの評価についても、新しい情報をキャッチアップしやすいかもしれません。

注9　参考：Patterns for Building LLM-based Systems & Products
https://eugeneyan.com/writing/llm-patterns/

第6章

外部検索、履歴を踏まえた応答をするWebアプリの実装

第5章までは、Google ColabでChat Completions APIやLangChainにふれてきました。Google Colabは、私たち開発者が気軽にコードを試すのにはとても便利です。しかし、アプリケーションを開発したり公開したりする環境としてはあまり適していません。
アプリケーションの開発環境としては、手元のPCや開発環境用のサービス（AWS Cloud9など）を使うのが望ましいです。また、アプリケーションを公開する環境としては、そのためのサーバーやクラウドサービスを使うべきです。
第6章から8章では、WebアプリケーションとSlackアプリを構築します。開発環境はあらためて用意して、実装したアプリケーションはクラウドサービス上で動かしてみます。第6章では、外部検索、履歴を踏まえた応答をする、チャットボットのWebアプリを開発します。

6.1 第6章で実装するアプリケーション

実装するアプリケーションの構成

第6章ではChatGPTのようなWebアプリケーション(Webアプリ)を、OpenAIのChat Completions APIとLangChainを使って実装します。チャットのUIとしてはStreamlitを使用します。実装したアプリケーションは、StreamlitのWebアプリを簡単に起動できるStreamlit Community Cloudで動かして、自分以外のユーザーからも利用可能にしてみます。

図6.1　第6章で実装するアプリケーションの構成

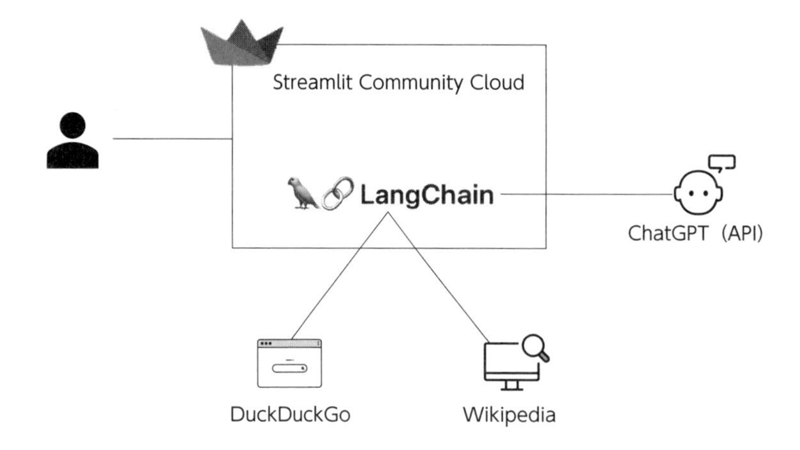

LangChainのAgentを使い、必要に応じてDuckDuckGo[注1]を使ったWeb検索や、Wikipediaの検索を行う挙動にしてみます。また、Memoryモジュールを使い、会話履歴を踏まえて応答するようにします。

注1　DuckDuckGoは、利用者のプライバシー保護をうたった検索エンジンです。

本書での開発の仕方

ここからは実際に機能を統合して動くWebアプリを開発するために、開発環境のクラウドサービスを使って実装を進めていきます。実際の開発環境としては、手元のPC上のVisual Studio Codeなどを利用することが多いはずです。実際に、本書の実装もPC上で進めることも可能ではあります。しかし、手元のPCの環境は一人ひとりの差異が大きく、環境起因のエラーに遭遇する可能性が高いです。

本書では、本書で示す手順と皆さんの利用する環境での環境差異を最小限にするために、AWSのクラウド上で利用できる統合開発環境「AWS Cloud9」を利用します。これにより、統合開発環境を実行するOSの差分、すでにインストールしているPythonのバージョンやライブラリの差分などによってトラブルが起きないように配慮しています。

環境差異による余計なトラブルを避けるためにも、Cloud9を利用して以降のハンズオンを進めることを推奨します。すでにPythonの環境整備に慣れている方であれば、ご自由な環境を使っていただいても問題ありません。

なお、Webアプリとして開発したソースコードは、Cloud9上にのみ保管しておくと、他者に共有しづらかったり、Cloud9環境の削除で消えてしまったりします。そのため、本書ではソースコードはCloud9からGitHubに保存できるように設定します。

AWS Cloud9の概要

AWS Cloud9はもともと米国カリフォルニアのスタートアップ「Cloud9社」が提供していたクラウド型統合開発環境(IDE)のサービスです。もとは環境の能力・容量による月額サブスクリプションで提供されていましたが、2016年7月にAmazonが買収し、AWSの1サービスとして組み込まれました。

統合開発環境を作成する際に、同時に起動するEC2(仮想サーバー)上で実行することもできますし、SSHで接続可能なサーバー上にホストすることも可能です。

参照:What is AWS Cloud9?

https://docs.aws.amazon.com/cloud9/latest/user-guide/welcome.html

Cloud9自体の利用に料金はかかりません。

Cloud9環境を構築する際に、Cloud9専用のEC2を同時起動した場合はその仮想サーバー料金とストレージ利用料金がかかります。

Streamlitの概要

この章のWebアプリの実装では、チャットのUIを簡単に実現するために、Streamlitというパッケージを使用します。Streamlitはデータを扱うWebアプリを簡単に実装できるパッケージで、分析用のダッシュボードなどをとても簡単に実装できます。Streamlitはチャットの UIにも対応しており、チャット入力欄や、チャットの出力表示を少ないコード量で実装できます。

なお、Pythonで簡単にチャットUIのWebアプリを実装できるパッケージは他にもいくつかあります。

- Gradio：機械学習を使ったWebアプリを簡単に実装できるパッケージ
- Chainlit：ChatGPTのようなUIを実装するためのパッケージ
- st-chat (streamlit-chat)：チャットのUIを実現するためのStreamlitの追加コンポーネント

本書では、これらの選択肢と比べても今後継続的にメンテナンスされる可能性が高く、簡単にきれいなUIを実装できることなどを考慮して、Streamlitの標準の機能だけを使って実装を進めていきます。

完成版のソースコード

今回作成するソースコードなどの構成は次のようになります。

図6.2　ソースコードの構成

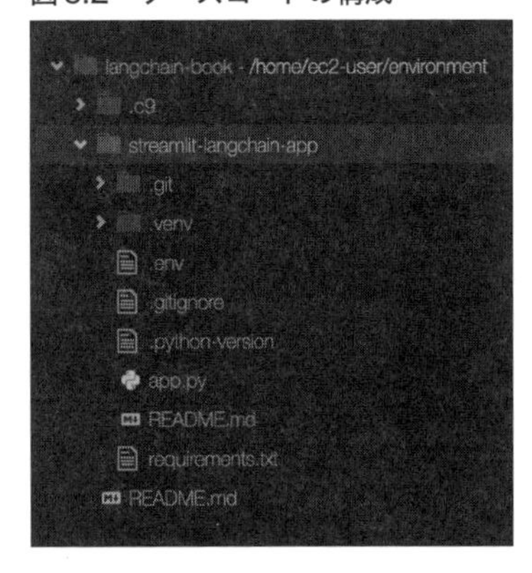

Pythonのソースコードは、app.pyという1ファイルにすべて記載していきます。まずはじめに、本章の完成版のソースコード (app.py) を次に掲載しておきます。こちらを順を追って解説しながら、ステップ単位で実装していきましょう。

リスト6.1 完成版Webアプリ(app.py)

```
import os

import streamlit as st
from dotenv import load_dotenv
from langchain.agents import AgentType, initialize_agent, load_tools
from langchain.callbacks import StreamlitCallbackHandler
from langchain.chat_models import ChatOpenAI
from langchain.memory import ConversationBufferMemory
from langchain.prompts import MessagesPlaceholder

load_dotenv()


def create_agent_chain():
    chat = ChatOpenAI(
        model_name=os.environ["OPENAI_API_MODEL"],
        temperature=os.environ["OPENAI_API_TEMPERATURE"],
        streaming=True,
    )

    agent_kwargs = {
        "extra_prompt_messages": [MessagesPlaceholder(variable_name="memory")],
    }
    memory = ConversationBufferMemory(memory_key="memory", return_messages=True)

    tools = load_tools(["ddg-search", "wikipedia"])
    return initialize_agent(
        tools,
        chat,
        agent=AgentType.OPENAI_FUNCTIONS,
        agent_kwargs=agent_kwargs,
        memory=memory,
    )


if "agent_chain" not in st.session_state:
    st.session_state.agent_chain = create_agent_chain()


st.title("langchain-streamlit-app")

if "messages" not in st.session_state:
    st.session_state.messages = []

for message in st.session_state.messages:
    with st.chat_message(message["role"]):
        st.markdown(message["content"])
```

6

```
prompt = st.chat_input("What is up?")

if prompt:
    st.session_state.messages.append({"role": "user", "content": prompt})

    with st.chat_message("user"):
        st.markdown(prompt)

    with st.chat_message("assistant"):
        callback = StreamlitCallbackHandler(st.container())
        response = st.session_state.agent_chain.run(prompt, callbacks=[callback])
        st.markdown(response)

    st.session_state.messages.append({"role": "assistant", "content": response})
```

6.2 Cloud9を起動して開発環境を構築する

実装に先立って、Cloud9を起動して開発環境を構築します。

Cloud9環境を作成する

まずはじめに、付録「Webアプリ、Slackアプリ開発の環境構築」A.2「Cloud9の環境作成」を参照して、新規でCloud9環境を作成して起動します。

GitHubリポジトリを作成する

アプリケーションを開発する際は、GitHubなどを使ってソースコードを管理するのが望ましいです。また、Streamlit Community Cloudでアプリケーションを動かす際は、動かすソースコード一式をGitHubにアップロードする必要があります。そこで、GitHubにリポジトリを作成します。

1. GitHub (https://github.com) にアクセスし、画面右上から、サインインまたはサインアップします。

図6.3 GitHubのトップページ

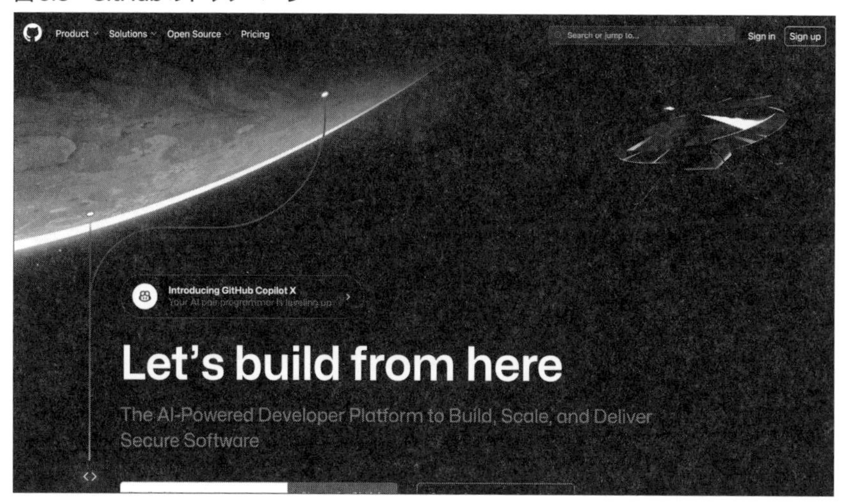

2 新しくリポジトリを作成します。

リポジトリの作成画面では、次の内容を入力してください。

- Repository name：自由なリポジトリ名（図6.4では「streamlit-langchain-app」としています）
- Public/Private：Privateにする注2
- Add a README file：チェックをつける
- .gitignore：Pythonを選択注3

注2 Privateにしておくと、Streamlit Community CloudにデプロイしたWebアプリが自動的に自分しかアクセスできなくなります。
注3 .gitignoreは、Gitのバージョン管理の対象外となるファイルを指定する設定ファイルです。

図6.4　GitHubのリポジトリ作成画面

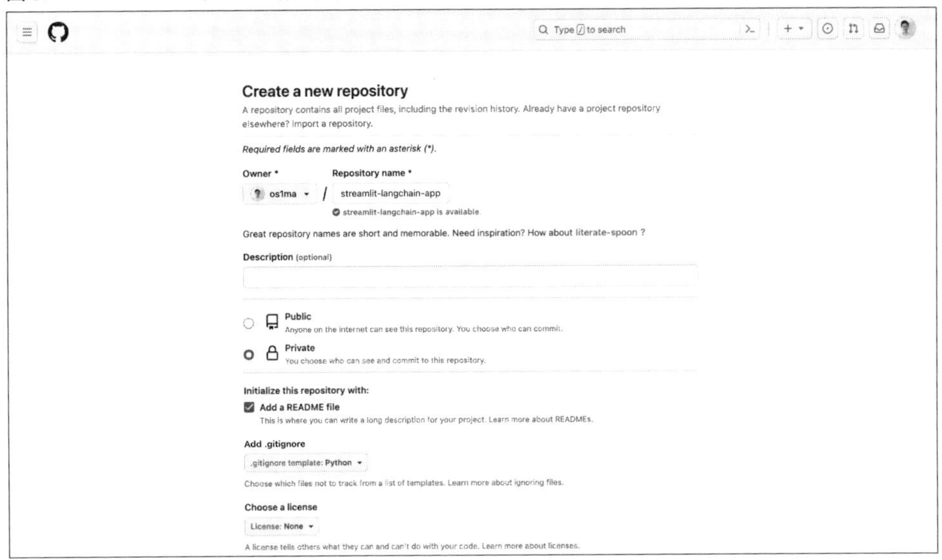

リポジトリを作成すると、次のように表示されます。

図6.5　GitHubで作成したリポジトリ

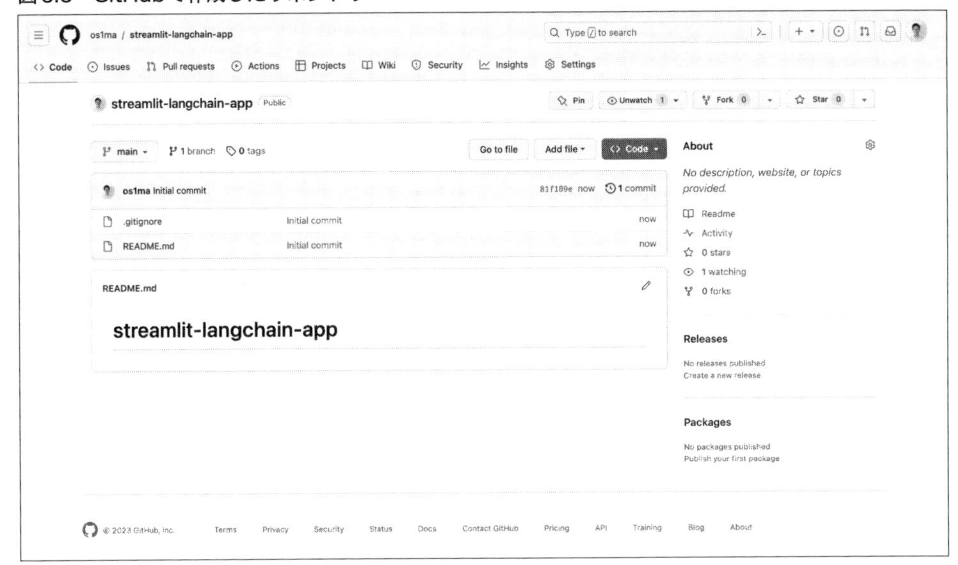

Cloud9とGitHubの連携

次に付録「Webアプリ、Slackアプリ開発の環境構築」A.3「Cloud9とGitHubの連携」を参照して、SSHキーの追加から、新規リポジトリのクローンまで行います。

Python環境を構築する

次に、付録「Webアプリ、Slackアプリ開発の環境構築」A.4「Cloud9上のPythonの環境構築」を参照して、Cloud9のターミナルからPythonをインストールして、Pythonの仮想環境を有効化します。

これでCloud9での開発環境のセットアップは完了です。

図6.6 Cloud9のセットアップ完了

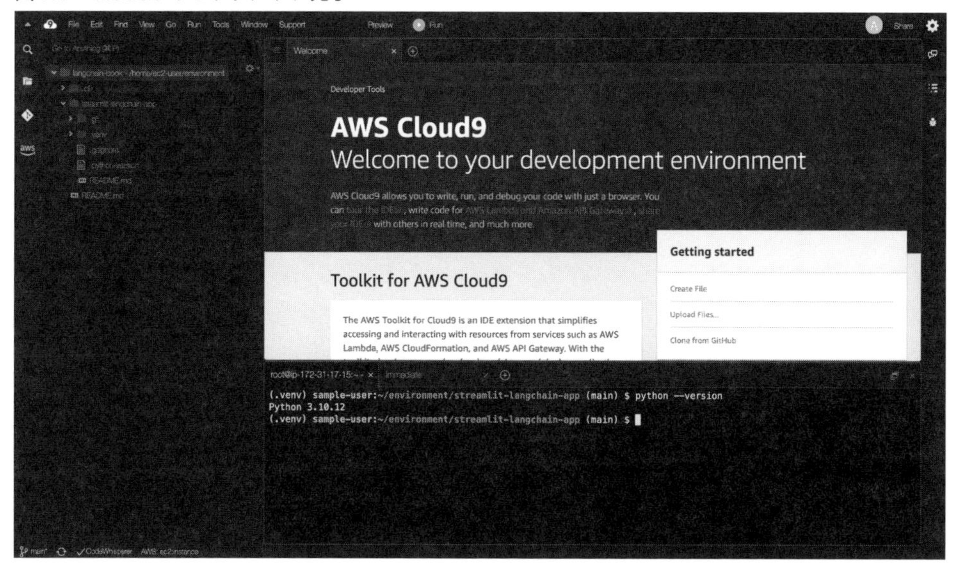

6.3 StreamlitのHello World

これで開発環境が整ったので、実装を進めていきます。まずはStreamlitで画面にアプリケーションの名前を表示してみます。いわゆる「Hello World」のようなものですね。

1 まずは次のコマンドでStreamlitをインストールします。

```
pip install streamlit==1.26.0
```

2 GitHubからクローンしたリポジトリの直下に、app.pyというファイルを作成して、次のコードを記述します。

```
import streamlit as st

st.title("langchain-streamlit-app")
```

3 streamlitコマンドを使って、アプリケーションを起動します。

```
streamlit run app.py --server.port 8080
```

次に使うCloud9のプレビュー機能では、デフォルトで8080番ポートのプレビューが可能となっています。そのため、StreamlitのWebアプリは8080番ポートで起動するようオプションを指定しています。

3 Cloud9でプレビューします。Cloud9上部の「Preview」から「Preview Running Application」を選択します。すると、図6.7のようにプレビューが表示されます。

図6.7　StreamlitのHello World

Cloud9では、プレビュー表示の右上に「Pop Out Into Window」を意味するマークがあります。そちらをクリックすると、図6.8のようにブラウザの別タブでWebアプリにアクセスすることもできます。

図6.8　StreamlitのHello Worldを別タブで表示

Streamlitでの Webアプリ実装の第一歩として、画面にアプリケーションの名前を表示できました。

6.4 ユーザーの入力を受け付ける

続いて、StreamlitでチャットのUIを実装していきます。StreamlitにはLLMを使ったチャットボットの実装を意識して、2023年6月にチャット用のコンポーネントが追加されました[注4]。本書でもそのコンポーネントを使って実装を進めます。

まずはユーザーの入力を受け付けて、ターミナルに入力内容を表示するようにします。

1 app.pyを次のように編集します。

```
import streamlit as st

st.title("langchain-streamlit-app")

prompt = st.chat_input("What is up?")
print(prompt)
```

2 Cloud9のプレビューを再読み込みします。すると、画面下側にチャットの入力欄が表示され、ターミナルに「None」と表示されます。プレビューの入力欄に「Hello!」と入力すると、ターミナルに「Hello!」と表示されます。

注4 「Build conversational apps」https://docs.streamlit.io/knowledge-base/tutorials/build-conversational-apps

図6.9 チャットの入力欄を実装

ここで、Streamlitの挙動を少し説明しておきます。Streamlitでは、Webアプリにアクセスしたタイミングや、入力欄などの「ウィジェット」を操作したタイミングでPythonスクリプト（ここではapp.py）が上から下まで実行され、その内容が画面に表示されます。

最初にWebアプリにアクセスしたとき、app.pyの`st.title`と`st.chat_input`の記述に従って、画面上にタイトルとチャットの入力欄が表示されます。このとき、`st.chat_input`の入力欄は未入力のため、`st.chat_input`の結果はNoneとなります。そして、`print(prompt)`の箇所でターミナルに「None」と表示されます。

「Hello!」と入力して送信すると、app.pyが上から順に再実行されます。このとき、`st.chat_input`の結果は「Hello!」となり、`print(prompt)`でターミナルに「Hello!」と表示されます。

6.5 入力内容と応答を画面に表示する

Streamlitのコード上で、入力された値を取得できました。続いて、入力された内容を画面に反映してみます。

1 app.pyを次のように編集します。

```
import streamlit as st

st.title("langchain-streamlit-app")

prompt = st.chat_input("What is up?")

if prompt:  # 入力された文字列がある（Noneでも空文字列でもない）場合
    with st.chat_message("user"):  # ユーザーのアイコンで
        st.markdown(prompt)         # promptをマークダウンとして整形して表示

    with st.chat_message("assistant"):  # AIのアイコンで
        response = "こんにちは"             # 固定の応答を用意して
        st.markdown(response)             # 応答をマークダウンとして整形して表示
```

2 Cloud9のプレビューを再読み込みします。プレビューの入力欄に「Hello!」と入力すると、画面上に「Hello!」と「こんにちは」というテキストが表示されます。

図6.10　入力内容と応答を表示

langchain-streamlit-app
Hello!
こんにちは
What is up?

編集後のapp.pyでは、入力された文字列が存在する（Noneでも空文字列でもない）場合だけif prompt以降のコードが実行されて、ユーザーの入力内容と応答が画面に表示されます。現状では応答は「こんにちは」という固定の文字列ですが、その文字列をLLMが生成するようにしていくことになります。

6.6 会話履歴を表示する

LLMを導入する前に、もう少しチャットのUIの実装を続けます。ここまでの実装では、入力欄に2回目以降の入力をしても、最後に入力した内容しか表示されません。ChatGPTのように、入力された内容が画面上部に蓄積されるようなUIにしたいです。そこで、Streamlitのプログラム上で会話履歴を扱うようにします。

Streamlitでは、app.pyなどのPythonスクリプトが実行されるタイミングをまたがって保持したい変数は、st.session_stateで扱うことができます。st.session_stateは、Pythonの辞書型のようにデータを読み書きできます。

それでは、st.session_stateを使って、会話履歴を画面に表示するように実装していきます。

1 app.pyを次のように編集します。

```
import streamlit as st

st.title("langchain-streamlit-app")

if "messages" not in st.session_state:  # st.session_stateにmessagesがない場合
    st.session_state.messages = []      # st.session_state.messagesを空のリストで初期化

for message in st.session_state.messages:   # st.session_state.messagesでループ
    with st.chat_message(message["role"]):  # ロールごとに
        st.markdown(message["content"])     # 保存されているテキストを表示

prompt = st.chat_input("What is up?")

if prompt:
    # ユーザーの入力内容をst.session_state.messagesに追加
    st.session_state.messages.append({"role": "user", "content": prompt})

    with st.chat_message("user"):
        st.markdown(prompt)
```

```
    with st.chat_message("assistant"):
        response = "こんにちは"
        st.markdown(response)

    # 応答をst.session_state.messagesに追加
    st.session_state.messages.append({"role": "assistant", "content": response})
```

2 Cloud9のプレビューを再読み込みします。プレビューの入力欄から何度かテキストを送信すると、会話履歴が表示されるようになります。

図6.11　会話履歴を表示

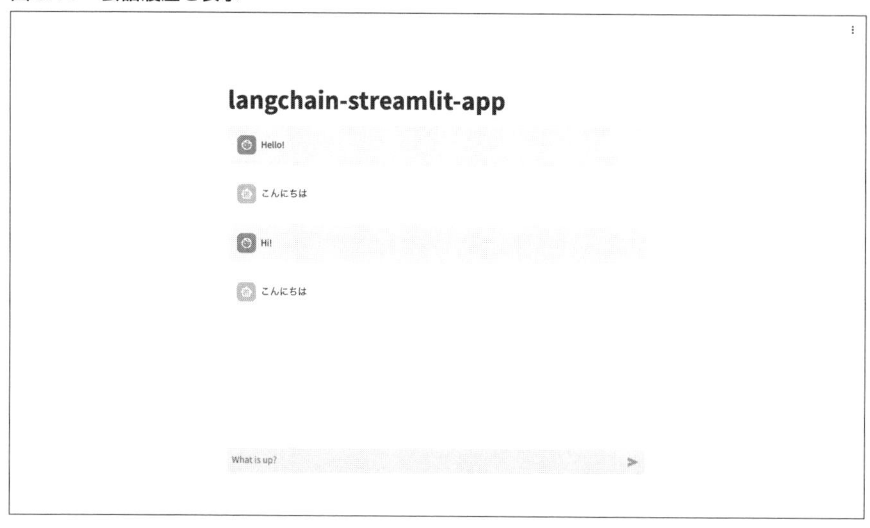
langchain-streamlit-app
Hello!
こんにちは
Hi!
こんにちは
What is up?

会話履歴が画面に表示されるようになり、チャットボットらしいUIになりました。

LangChainを使ってOpenAIの Chat Completions APIを実行する

それでは、LLMが応答を生成するようにしていきます。LangChainを使って、OpenAIのChat Completions APIで得た応答を表示します。

1 まず、app.pyと同じディレクトリに、.envという名前のファイルを作成します。.envファイルには、Chat Completions APIを使うためのAPIキーとモデル、temperatureの設定値を次のように記述します。

```
OPENAI_API_KEY=<OpenAIのAPIキーをここに記入>
OPENAI_API_MODEL=gpt-3.5-turbo
OPENAI_API_TEMPERATURE=0.5
```

2 LangChainでChat Completions APIを使うため、langchainとopenaiパッケージをインストールします。また、.envファイルの内容を環境変数に設定するため、python-dotenvというパッケージもインストールします。次のpip installコマンドを実行しましょう（streamlit runコマンドを実行中の場合は、Ctrl + Cで一度停止してください）。

```
pip install langchain==0.0.292 openai==0.28.0 python-dotenv==1.0.0
```

3 app.pyのコードを変更していきます。まず、importをいくつか追加します。さらに、load_dotenv関数で.envファイルの内容を環境変数に設定します。

```
import os

import streamlit as st
from dotenv import load_dotenv
from langchain.chat_models import ChatOpenAI
from langchain.schema import HumanMessage

load_dotenv()
```

4 固定で「こんにちは」と応答するようにしていた箇所を、LangChainのChatOpenAIクラスを使って、Chat Completions APIを呼び出すように変更します。

```
    with st.chat_message("assistant"):
        chat = ChatOpenAI(
```

6

```
        model_name=os.environ["OPENAI_API_MODEL"],
        temperature=os.environ["OPENAI_API_TEMPERATURE"],
    )
    messages = [HumanMessage(content=prompt)]
    response = chat(messages)
    st.markdown(response.content)
```

5 streamlitコマンドを使って、アプリケーションを起動します。

```
streamlit run app.py --server.port 8080
```

6 Cloud9のプレビューを再読み込みします。入力欄に「こんにちは！」と入力すると、「こんにちは！私はAIです。何かお手伝いできますか？」と表示されました。StreamlitでLangChainを使ってChat Completions APIを実行し、その応答を画面に表示することができました。

図6.12　LangChainでChatCompletionsAPIを実行

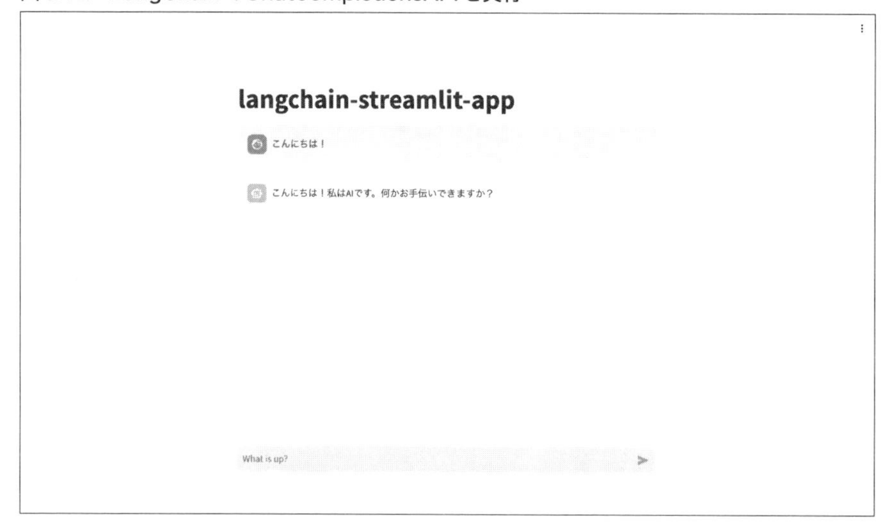
langchain-streamlit-app
こんにちは！
こんにちは！私はAIです。何かお手伝いできますか？
What is up?

6.8 Agentを使って必要に応じて外部情報を検索させる

ChatGPTでは「ChatGPT Plus」という有料プランでBeta機能を有効にすると、ChatGPTにさまざまなPluginを使わせることができます。同じように、LangChainのAgentを使って、必要に応じてDuckDuckGoによるWeb検索やWikipediaの検索を行うようにしてみます。

1 LangChainのAgentのツールとしてDuckDuckGoとWikipediaを使うため、必要なパッケージをインストールします。

```
pip install duckduckgo-search==3.8.5 wikipedia==1.4.0
```

2 app.pyを編集していきます。まず、importをいくつか追加します。

```
from langchain.agents import AgentType, initialize_agent, load_tools
from langchain.callbacks import StreamlitCallbackHandler
```

3 続いて、Agentを作成する関数を実装します。ツールとしては、ddg-search（DuckDuckGo）とwikipediaを用意して、initialize_agentでAgentを初期化します。AgentTypeとしては、安定的に動作しやすいOpenAI Functions Agent（OPENAI_FUNCTIONS）を指定します。また、ストリーミングで応答を得られるようにしたいので、ChatOpenAIにはstreaming=Trueというパラメータを追加します。

```
def create_agent_chain():
    chat = ChatOpenAI(
        model_name=os.environ["OPENAI_API_MODEL"],
        temperature=os.environ["OPENAI_API_TEMPERATURE"],
        streaming=True,
    )

    tools = load_tools(["ddg-search", "wikipedia"])
    return initialize_agent(tools, chat, agent=AgentType.OPENAI_FUNCTIONS)
```

4 Agentを使うコードを実装します。`st.markdown`で最終的な応答を表示するのに加えて、途中の内容もストリーミングで表示してみることにします。LangChainには、Streamlitで使うためのStreamlitCallbackHandlerが用意されています。StreamlitCallbackHandlerを使うことで、Agentの動作をStreamlitの画面上にストリーミングで表示することができます。

```
with st.chat_message("assistant"):
    callback = StreamlitCallbackHandler(st.container())
    agent_chain = create_agent_chain()
    response = agent_chain.run(prompt, callbacks=[callback])
    st.markdown(response)
```

5 Cloud9のプレビューを再読み込みします。「今日の東京の天気を教えて」と入力すると、AgentがDuckDuckGoを使って検索した結果を踏まえて回答してくれます。他にもたとえば「WikipediaでChatGPTについて調べて教えて」と入力すると、Wikipediaを検索した結果を踏まえて回答してくれます。

図6.13　Agentの動作確認の様子

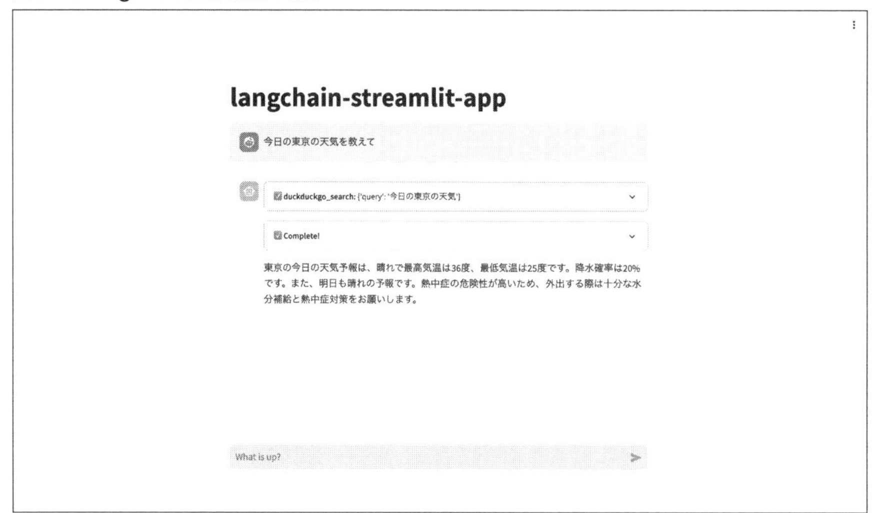

チャットの会話履歴をふまえて応答する

現状の実装では、会話履歴が画面上に表示されているものの、Agentには最新の入力だけが渡されています。そのため、LLMは会話履歴を踏まえて応答しません。LangChainのMemoryモジュールを使い、Agentが会話履歴を踏まえて応答するようにします。

1 app.pyを編集していきます。まず、importをいくつか追加します。

```
from langchain.memory import ConversationBufferMemory
from langchain.prompts import MessagesPlaceholder
```

2 create_agent_chain関数を修正して、ConversationBufferMemoryを使うようにします。

```
def create_agent_chain():
    chat = ChatOpenAI(
        model_name=os.environ["OPENAI_API_MODEL"],
        temperature=os.environ["OPENAI_API_TEMPERATURE"],
        streaming=True,
    )

    # OpenAI Functions AgentのプロンプトにMemoryの会話履歴を追加するための設定
    agent_kwargs = {
        "extra_prompt_messages": [MessagesPlaceholder(variable_name="memory")],
    }
    # OpenAI Functions Agentが使える設定でMemoryを初期化
    memory = ConversationBufferMemory(memory_key="memory", return_messages=True)

    tools = load_tools(["ddg-search", "wikipedia"])
    return initialize_agent(
        tools,
        chat,
        agent=AgentType.OPENAI_FUNCTIONS,
        agent_kwargs=agent_kwargs,  # 追加
        memory=memory,              # 追加
    )
```

3 前ページのcreate_agent_chain関数は、実行するたびに空のMemoryを持ったAgentを作成します。そこで、st.session_stateを使って一度だけAgentを初期化するようにします[注5]。

```
if "agent_chain" not in st.session_state:
    st.session_state.agent_chain = create_agent_chain()
```

4 Agentの処理を実行する箇所も、st.session_stateからagent_chainを取り出して使うように修正します。

```
    with st.chat_message("assistant"):
        callback = StreamlitCallbackHandler(st.container())
        response = st.session_state.agent_chain.run(prompt, callbacks=[callback])
        st.markdown(response)
```

5 Cloud9のプレビューを再読み込みします。すると、Agentが会話履歴を踏まえて応答するようになりました。

図6.14　Memoryの動作確認の様子

注5　Agentをst.session_stateに保存して一度だけ初期化する以外に、Agentを毎回初期化し、st.session_stateから取り出したmessagesをMemoryに入れる実装も考えられます。後者の実装のほうが会話履歴が二重管理されないメリットがありますが、本書では紙面上のコードが単純になる実装を採用しています。

6.10 Streamlit Community Cloudにデプロイする

実装したWebアプリは、現状ではCloud9で動かしています。Webアプリを他の人にも使ってもらうためには、サーバーやクラウドサービスを使って動かすことになります。StreamlitのWebアプリは、StreamlitのCommunity Cloud (https://streamlit.io/cloud) というサービスで簡単に動かすことができます。ここから、実装したWebアプリをStreamlit Community Cloudにデプロイしていきます。

依存パッケージの一覧を作成

この章で実装したWebアプリでは、langchainやopenaiといったパッケージをインストールして使用しています。Streamlit Community CloudでWebアプリを動かす際も、クラウド環境にこれらのパッケージをインストールする必要があります。

pipでインストールしたパッケージの一覧は、「requirements.txt」というファイルに一覧化することが多いです。Streamlit Community Cloudは、requirements.txtを読み込んで必要なパッケージを自動でインストールしてくれます。そこで、requirements.txtを作成します。

1 Cloud9のターミナルで次のコマンドを実行します。

```
pip freeze > requirements.txt
```

これで、requirements.txtに必要なパッケージの一覧を出力できました。

requirements.txtには、次のようにパッケージ名とバージョンが記載されています。

```
  :
langchain==0.0.292
  :
openai==0.28.0
  :
```

ソースコードをGitHubにアップロードする

Streamlit Community Cloudは、GitHubからソースコードを取得してアプリケーションを動かします。そこで、Cloud9で実装したソースコードをGitHubにアップロードします。

1 Cloud9のターミナルで、GitHubからクローンしたリポジトリの直下に移動し、次のコマンドを実行します。

```
git add .python-version app.py requirements.txt
```

機密情報はアップロードしない

OpenAIのAPIキーのような機密情報は、たとえPrivateリポジトリであってもGitHubにはアップロードすべきではありません。そのため、APIキーが書かれた.envファイルはコミットの対象としないようにご注意ください。

2 さらに次のコマンドを実行して、Gitのコミットを作成します。

```
git commit -m 'Add langchain-streamlit-app'
```

3 次のコマンドを使い、コミットしたファイルをGitHubにアップロードします。

```
git push
```

4 GitHubにアクセスして、ソースコードが保存されていることを確認します。

図6.15 GitHubにソースコードをアップロードした様子

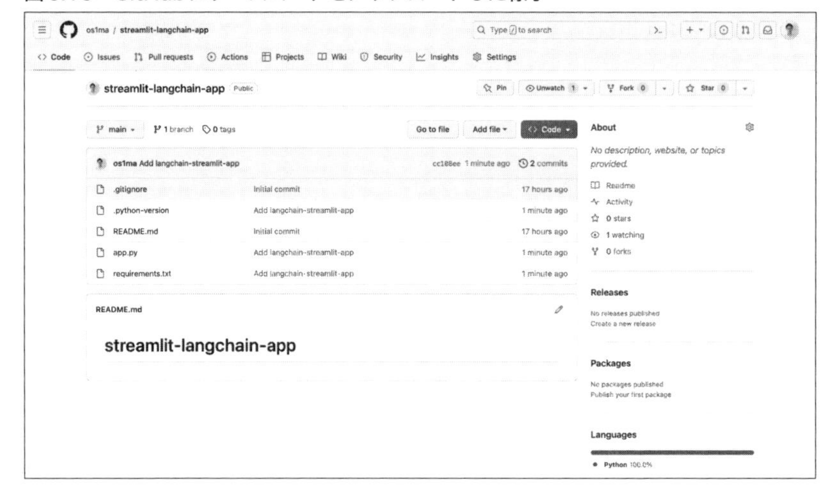

Streamlit Community Cloudにデプロイする

ソースコードの準備が整ったので、Streamlit Community Cloudにデプロイしていきます。

1. まず、Streamlit Community Cloud (https://streamlit.io/cloud) にアクセスします。

図6.16 Streamlit Community Cloud

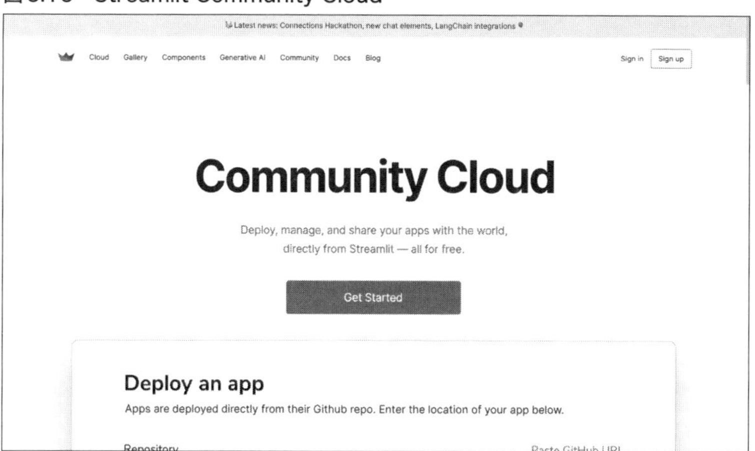

2. 画面右上からサインアップします。
3. GitHubとの接続やユーザー名の登録を進めます。
4. アカウントの設定が完了すると、アプリケーションの一覧画面になります。「New app」をクリックして、新しいアプリケーションを作成します。

図6.17 Streamlit Community Cloudのアプリケーション一覧画面

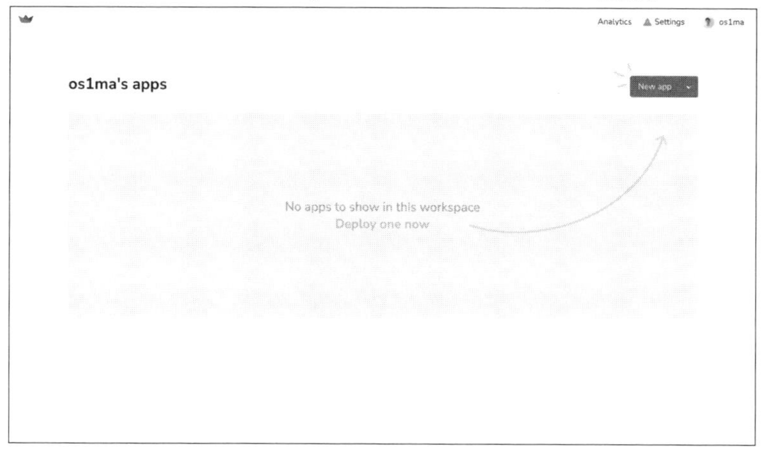

5 デプロイするアプリケーションの基本設定を行います。
作成したリポジトリとブランチ（デフォルトはmain）を選択して、Main file pathとしてapp.pyを指定します。

図6.18 デプロイするアプリケーションの設定画面

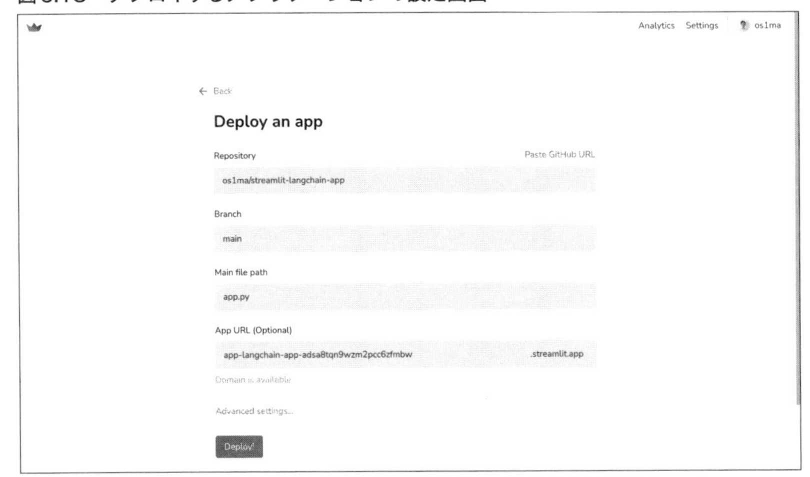

6 「Advanced settings…」をクリックして、Python versionを3.10とし、SecretsにCloud9上の.envファイルと同様の内容を記述して「Save」をクリックします。ただし、この画面のSecretsはTOMLという形式であり、図6.19のような記述となります。.envファイルとは少し形式が異なるので注意してください。

図6.19 Advanced settings

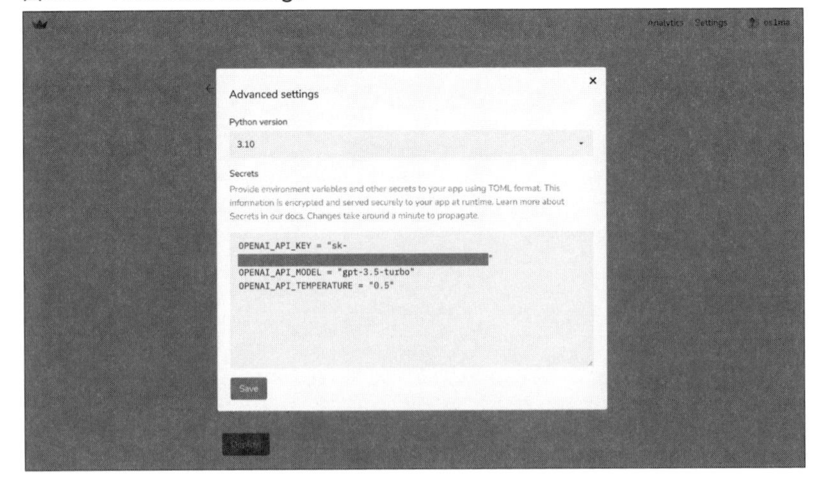

7 「Deploy」をクリックすると、アプリケーションのデプロイが開始します。

8 しばらくすると、アプリケーションのデプロイが完了します。次のような画面になります。

図6.20 デプロイしたアプリケーション

9 たとえば「今日の東京の天気を教えて」と入力すると、Cloud9上で試したときと同じようにAgentが動作して応答してくれます。

図6.21 Streamlitにデプロイしたアプリケーションの動作確認

他のユーザーを招待する

Streamlit Community Cloudでは、GitHubのPrivateリポジトリをもとにデプロイしたアプリケーションは、デフォルトでは自分以外は使えない非公開の設定となります。Streamlit Community CloudにデプロイしたWebアプリには、メールアドレスを指定してユーザーを招待することができるので、その流れを説明します。

1. 「Manage app」をクリックすると、画面右にログが表示されます。
2. ログが表示された箇所の右下のメニューから「Settings」を開き、「Sharing」を選択します。
3. 「Who can view this app」が「Only specific people can view this app」となっていると、特定の人だけがこのアプリケーションにアクセスできます。「Invite viewers by email」の欄にメールアドレスを入力することで、他の人を招待することができます。

図6.22 App settingsのSharing

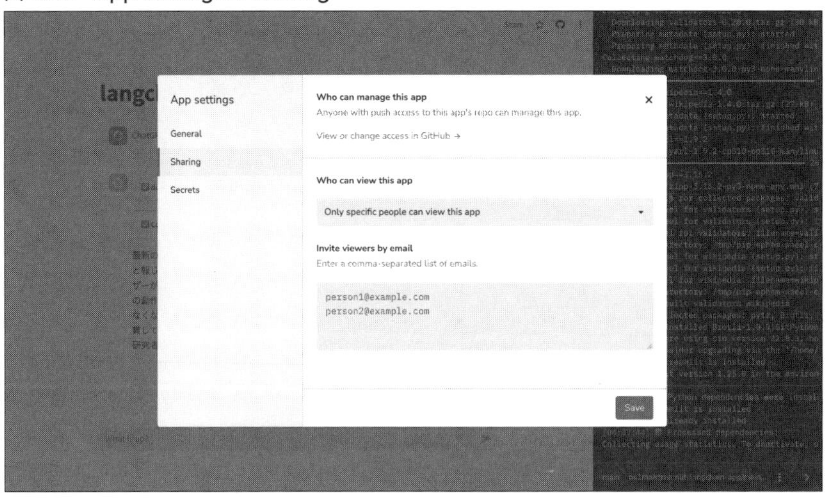

なお、「Who can view this app」欄を「This app is public and searchable」とすると、デプロイしたWebアプリに誰でもアクセスできるようになります。このアプリケーションを誰でもアクセスできる状態で公開しておくと、Chat Completions APIが大量に使用され、想定以上の料金が発生する可能性があります。とくにGitHubのリポジトリをpublicで作成した場合、Streamlit Community Cloudにデプロイした直後からWebアプリはpublic and searchableとなります。ご注意ください。

まとめ

この章では、Streamlitを使い、チャットボットのWebアプリを実装しました。実装したWebアプリはLangChainのAgentを使って動作し、必要に応じてWeb検索やWikipediaからの情報取得を行います。また、Streamlit Community Cloudにデプロイすることで、アプリケーションをインターネットに公開し、自分以外も使えるようにしました。

LLMを使ったアプリケーション開発の練習として、この章で実装したWebアプリに機能追加してみるのもおすすめです。たとえば、gpt-3.5-turboとgpt-4を画面上で選択してできるようにするなど、さまざまな工夫が考えられます。ぜひ挑戦してみてください。

第7章

ストリーム形式で履歴を踏まえた応答をするSlackアプリの実装

この章では、ChatGPTのChat Completions APIを使ったSlackアプリを実装します。
チャットとしてのUI/UXを意識した実装として、Chat Completions APIの応答をストリーム形式で扱う点と、スレッド内での会話の履歴を把握して応答する点が特徴です。

7.1 なぜSlackアプリを作るのか

ChatGPTにアイデアを作成してもらったり、文章を要約してもらったりと、思いついたときにすぐ指示できる場所としては、わざわざアクセスしに行く必要があるWebアプリよりも、ユーザーが普段からつねに利用しているケースが多いSlackのほうが利便性が高いと思います。

また、ここで作成するSlackアプリを特定チャンネルのみで運用すれば、チャンネル内での他の人たちのLLMアプリの使いかたを参考にすることができるので、一人ひとりの環境で使うよりも活用が活性化されやすいです。

どんな構成にするの?

この章では、Slack Bolt for Python と LangChain をAWS Lambda上で稼働させ、OpenAIのChat Completions APIをLLMとして、Momentoを会話の履歴キャッシュサービスとして完全なサーバーレスアーキテクチャで実現してみます。

AWS Lambdaはユーザーのリクエスト単位で起動し、使っていない時間にはお金がかかりません。同様にChat Completions APIもMomentoも利用した分だけしか課金されないため、お財布にもとても優しい構成です。

図7.1 処理の流れ

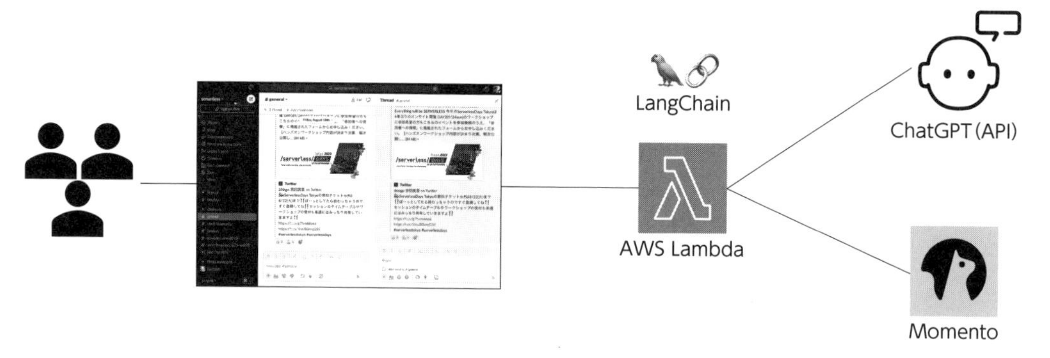

AWS Lambdaを使ったサーバーレス構成であることがポイントですが、AWS Lambda環境でChatGPTのようなストリーミング応答の形式でより優れたユーザー体験を実現する方法や、Slackからのリトライによる重複実行を抑止する複数の方法や、Slack投稿の表現性をリッチに高めるBlock Kitの利用方法など、実用性を重視して一歩踏み込んだ解説と実装を行います。

開発環境

開発環境は第6章と同様にCloud9をIDEとして利用します。また、アプリケーションをデプロイするツールとしてはServerless Frameworkを使います。複数人でメンテナンスするときやCI/CDパイプラインでも活用することが可能です。

GitHubリポジトリのファイル構成

作ったSlackアプリは他の機会でも流用できるようにGitHubリポジトリに保管しておきましょう。今回のSlackアプリは第6章のWebアプリとは別に新しくリポジトリを作成して管理します。

今回作成するアプリのファイル構成は次のようになっています。

図7.2　リポジトリのファイル構成

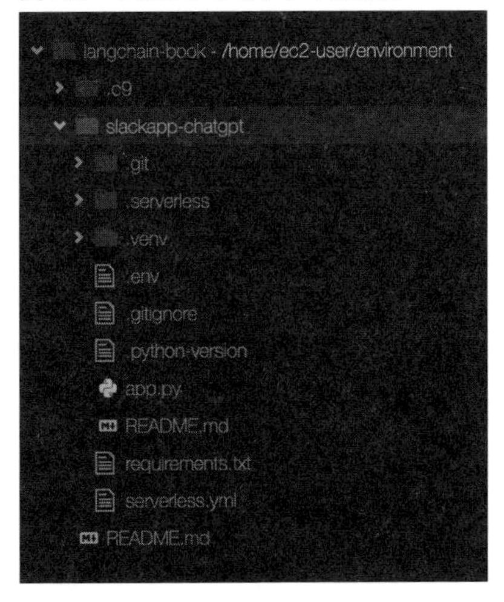

まずはじめに、本章の完成版のソースコード（app.py）を次に記載しておきます。これを順を追って解説しながら、ステップ単位で実装していきましょう。

リスト7.1 完成版Slackアプリ(app.py)

```
import json
import logging
import os
import re
import time
from datetime import timedelta
from typing import Any

from dotenv import load_dotenv
from langchain.callbacks.base import BaseCallbackHandler
from langchain.chat_models import ChatOpenAI
from langchain.memory import MomentoChatMessageHistory
from langchain.schema import HumanMessage, LLMResult, SystemMessage
from slack_bolt import App
from slack_bolt.adapter.aws_lambda import SlackRequestHandler
from slack_bolt.adapter.socket_mode import SocketModeHandler

CHAT_UPDATE_INTERVAL_SEC = 1

load_dotenv()

# ログ
SlackRequestHandler.clear_all_log_handlers()
logging.basicConfig(
    format="%(asctime)s [%(levelname)s] %(message)s", level=logging.INFO
)
logger = logging.getLogger(__name__)

# ボットトークンを使ってアプリを初期化します
app = App(
    signing_secret=os.environ["SLACK_SIGNING_SECRET"],
    token=os.environ["SLACK_BOT_TOKEN"],
    process_before_response=True,
)


class SlackStreamingCallbackHandler(BaseCallbackHandler):
    last_send_time = time.time()
    message = ""

    def __init__(self, channel, ts):
        self.channel = channel
        self.ts = ts
        self.interval = CHAT_UPDATE_INTERVAL_SEC
        # 投稿を更新した累計回数カウンタ
        self.update_count = 0

    def on_llm_new_token(self, token: str, **kwargs) -> None:
        self.message += token
```

```
        now = time.time()
        if now - self.last_send_time > self.interval:
            app.client.chat_update(
                channel=self.channel, ts=self.ts, text=f"{self.message}\n\nTyping..."
            )
            self.last_send_time = now
            self.update_count += 1

            # update_countが現在の更新間隔X10より多くなるたびに更新間隔を2倍にする
            if self.update_count / 10 > self.interval:
                self.interval = self.interval * 2

    def on_llm_end(self, response: LLMResult, **kwargs: Any) -> Any:
        message_context = "OpenAI APIで生成される情報は不正確または不適切な場合がありますが、
当社の見解を述べるものではありません。"
        message_blocks = [
            {"type": "section", "text": {"type": "mrkdwn", "text": self.message}},
            {"type": "divider"},
            {
                "type": "context",
                "elements": [{"type": "mrkdwn", "text": message_context}],
            },
        ]
        app.client.chat_update(
            channel=self.channel,
            ts=self.ts,
            text=self.message,
            blocks=message_blocks,
        )


# @app.event("app_mention")
def handle_mention(event, say):
    channel = event["channel"]
    thread_ts = event["ts"]
    message = re.sub("<@.*>", "", event["text"])

    # 投稿のキー(=Momentoキー):初回=event["ts"],2回目以降=event["thread_ts"]
    id_ts = event["ts"]
    if "thread_ts" in event:
        id_ts = event["thread_ts"]

    result = say("\n\nTyping...", thread_ts=thread_ts)
    ts = result["ts"]

    history = MomentoChatMessageHistory.from_client_params(
        id_ts,
        os.environ["MOMENTO_CACHE"],
        timedelta(hours=int(os.environ["MOMENTO_TTL"])),
```

7

```
    )

    messages = [SystemMessage(content="You are a good assistant.")]
    messages.extend(history.messages)
    messages.append(HumanMessage(content=message))

    history.add_user_message(message)

    callback = SlackStreamingCallbackHandler(channel=channel, ts=ts)
    llm = ChatOpenAI(
        model_name=os.environ["OPENAI_API_MODEL"],
        temperature=os.environ["OPENAI_API_TEMPERATURE"],
        streaming=True,
        callbacks=[callback],
    )

    ai_message = llm(messages)
    history.add_message(ai_message)


def just_ack(ack):
    ack()


app.event("app_mention")(ack=just_ack, lazy=[handle_mention])

# ソケットモードハンドラーを使ってアプリを起動します
if __name__ == "__main__":
    SocketModeHandler(app, os.environ["SLACK_APP_TOKEN"]).start()


def handler(event, context):
    logger.info("handler called")
    header = event["headers"]
    logger.info(json.dumps(header))

    if "x-slack-retry-num" in header:
        logger.info("SKIP > x-slack-retry-num: %s", header["x-slack-retry-num"])
        return 200

    # AWS Lambda 環境のリクエスト情報を app が処理できるよう変換してくれるアダプター
    slack_handler = SlackRequestHandler(app=app)
    # 応答はそのまま AWS Lambda の戻り値として返せます
    return slack_handler.handle(event, context)
```

7.2 環境準備

Cloud9環境を作成する

まずはじめに、第6章と同じように付録「Webアプリ、Slackアプリ開発の環境構築」A.2「Cloud9の環境作成」を参照して、新規でCloud9環境を作成し、起動します。

GitHubでSlackアプリ用のリポジトリを作成する

これも第6章と同じように付録「Webアプリ、Slackアプリ開発の環境構築」A.3「Cloud9とGitHubの連携」を参照して、SSHキーの追加から、新規リポジトリのクローンまで行っておきます。この章の例では「slackapp-chatgpt」というリポジトリ名で作成しています。

Pythonの仮想環境を有効化する

さらに、ここも第6章と同じように付録「Webアプリ、Slackアプリ開発の環境構築」A.4「Cloud9上のPythonの環境構築」を参照して、Cloud9のターミナルからPythonの仮想環境を有効化します。

7.3 環境設定ファイルを作成する

1 参考リポジトリの「.env.example」をコピーするか、新規に.envファイルをリポジトリルートに作成します。次のとおり各種キーを記載しておきましょう。

```
SLACK_SIGNING_SECRET=
SLACK_BOT_TOKEN=
SLACK_APP_TOKEN=
OPENAI_API_KEY=
OPENAI_API_MODEL=gpt-3.5-turbo-16k-0613
OPENAI_API_TEMPERATURE=0.5
MOMENTO_AUTH_TOKEN=
MOMENTO_CACHE=
MOMENTO_TTL=1
```

7.4 Slackアプリを新規作成する

1 Slackのアプリケーション一覧画面にアクセスします。
https://api.slack.com/apps

図7.3　Slackのアプリケーション一覧画面

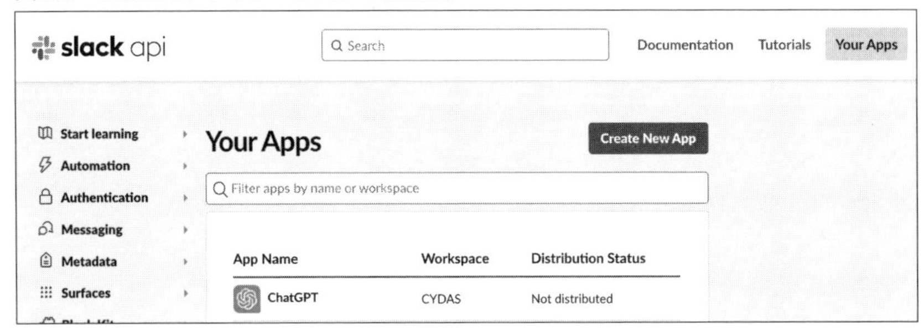

2 右上の「Create New App」でSlackアプリ作成モーダルを表示します。

図7.4　Slackの新規アプリ作成モーダル表示

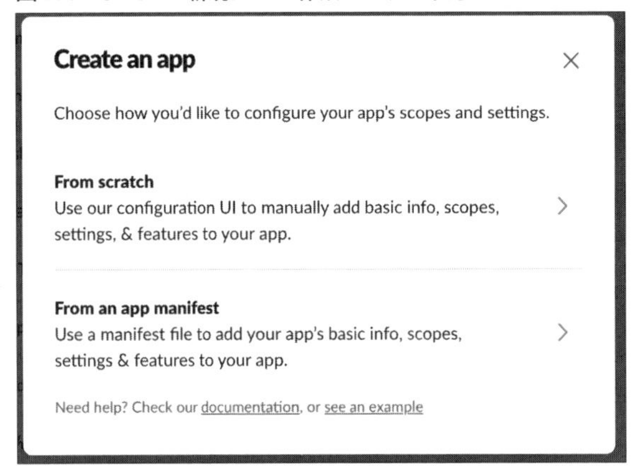

3 「From Scratch」を選択し、アプリ名、インストール先のワークスペースを選択して作成します。

図7.5 アプリ名、インストール先の指定

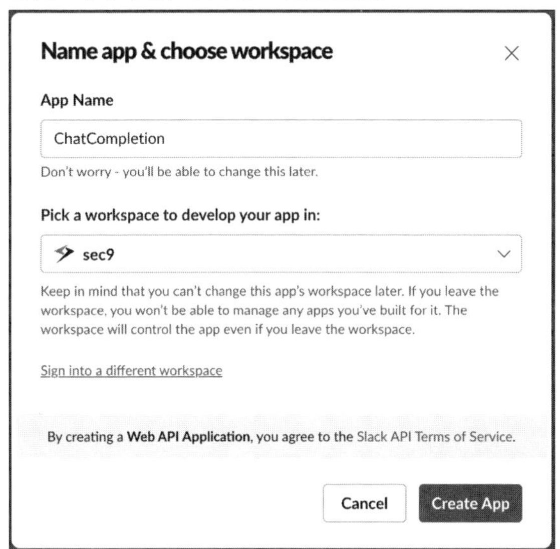

4 作成されたSlackアプリの画面左パネル「Basic Information」にアクセスし、App Credentials表示エリアにおいて、"Signing Secret"のキー[注1]を「Show」ボタンで表示して、Cloud9上で作成した.envファイルのSLACK_SIGNING_SECRETに記載します。

図7.6 Basic Information画面

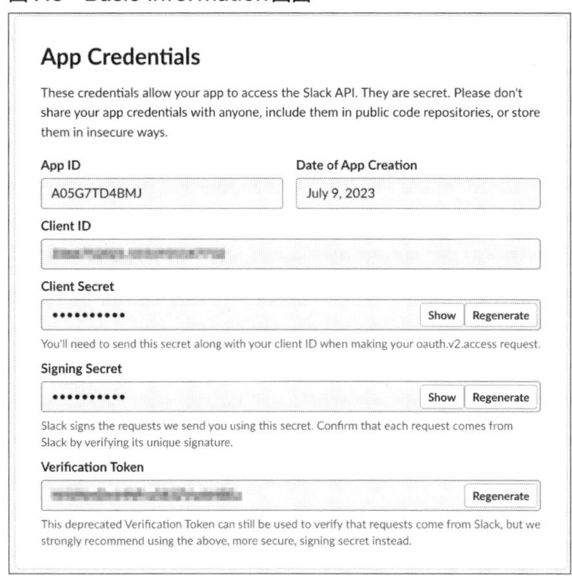

注1 SlackのSigning Secretは、このSlackアプリからリクエストを送信する際のリクエストの署名を検証するためのキーです。

```
SLACK_SIGNING_SECRET=<ここに記入>
SLACK_BOT_TOKEN=
SLACK_APP_TOKEN=
OPENAI_API_KEY=
OPENAI_API_MODEL=gpt-3.5-turbo-16k-0613
OPENAI_API_TEMPERATURE=0.5
MOMENTO_AUTH_TOKEN=
MOMENTO_CACHE=
MOMENTO_TTL=1
```

5 OAuth&Permissions > Scopes > Bot Token Scopes 画面にアクセスして、「Add an OAuth Scope to Bot Token」をクリックします。

図7.7 OAuth & Permissions画面

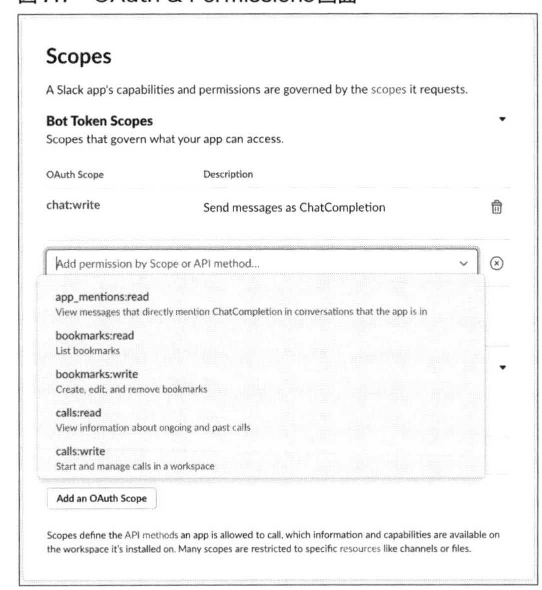

6 "chat:write"のスコープを選択して有効化します。

7 OAuth&Permissions画面のOAuth Tokens for Your Workspaceから、このアプリをワークスペースにインストールしましょう。

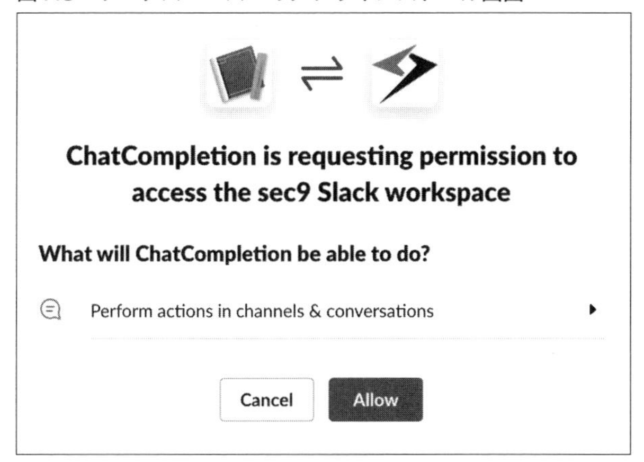

図7.8 ワークスペースへのアプリインストール画面

8 発行された"Bot User OAuth Token"を.envファイルの"SLACK_BOT_TOKEN"に指定します。

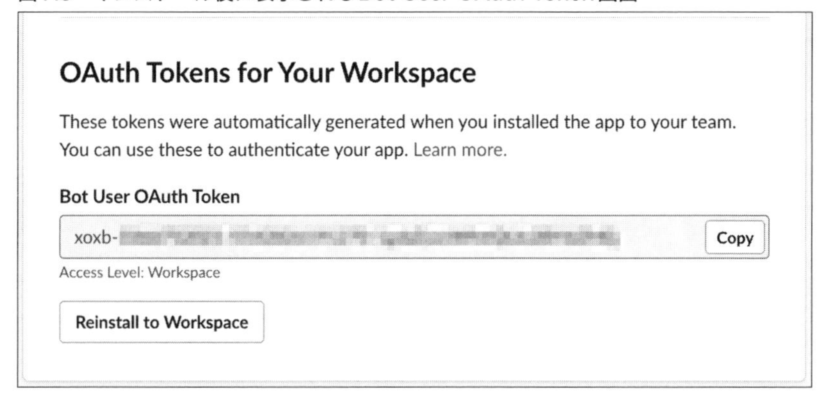

図7.9 インストール後に表示されるBot User OAuth Token画面

```
SLACK_SIGNING_SECRET=xxxxxxx
SLACK_BOT_TOKEN=<ここに記載>
SLACK_APP_TOKEN=
OPENAI_API_KEY=
OPENAI_API_MODEL=gpt-3.5-turbo-16k-0613
OPENAI_API_TEMPERATURE=0.5
MOMENTO_AUTH_TOKEN=
MOMENTO_CACHE=
MOMENTO_TTL=1
```

9 次にソケットモードで必要となるSlackアプリからの権限としてApp-Level Tokenを生成します。Basic Information画面のApp-Level Tokens欄で「Generate Token ans Scopes」をクリックし、モーダル画面でこのトークンに名前をつけ、"connections:write" スコープを選択してトークンを生成します。

図7.10 App-Level Tokens作成モーダル画面

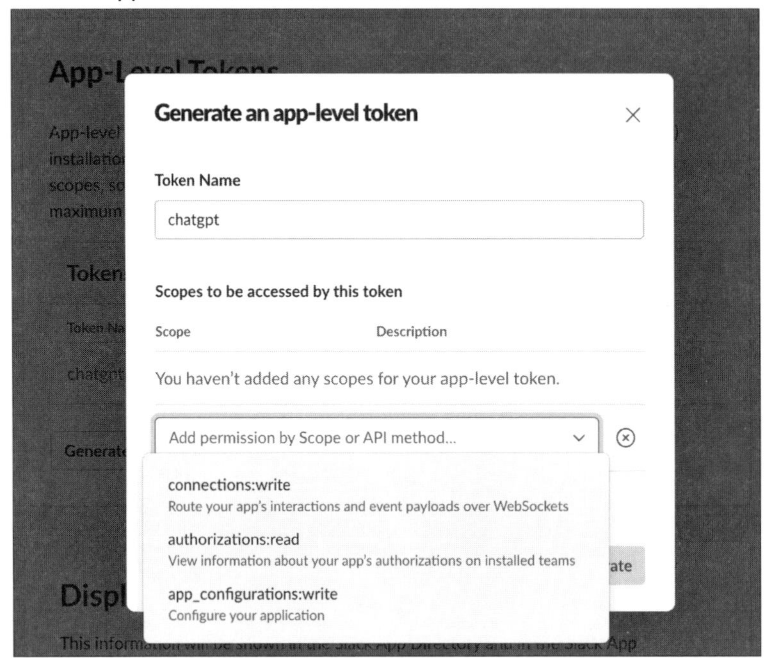

10 この「App-Level Token」を.envファイルの"SLACK_APP_TOKEN"に指定します。

図7.11 App-Level Token作成後の表示

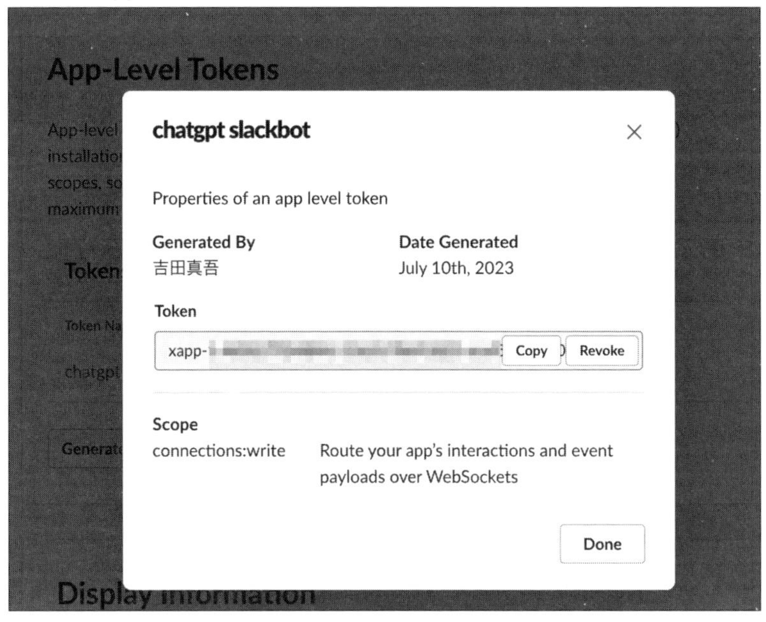


```
SLACK_SIGNING_SECRET=xxxxxxx
SLACK_BOT_TOKEN=xxxxxxxx
SLACK_APP_TOKEN=<ここに記入>
OPENAI_API_KEY=
OPENAI_API_MODEL=gpt-3.5-turbo-16k-0613
OPENAI_API_TEMPERATURE=0.5
MOMENTO_AUTH_TOKEN=
MOMENTO_CACHE=
MOMENTO_TTL=1
```

7.5 ソケットモードを有効化する

ここではまず、Cloud9上でSlack Boltを利用してローカルサーバーを起動し、Slack上で発生したイベントをリッスンしてアプリを稼働させるために、「ソケットモード」を有効化します。これにより、Cloud9上でステップバイステップで実装しながら実際のSlackアプリを動かして確認することができます。

図7.12 Slackアプリ

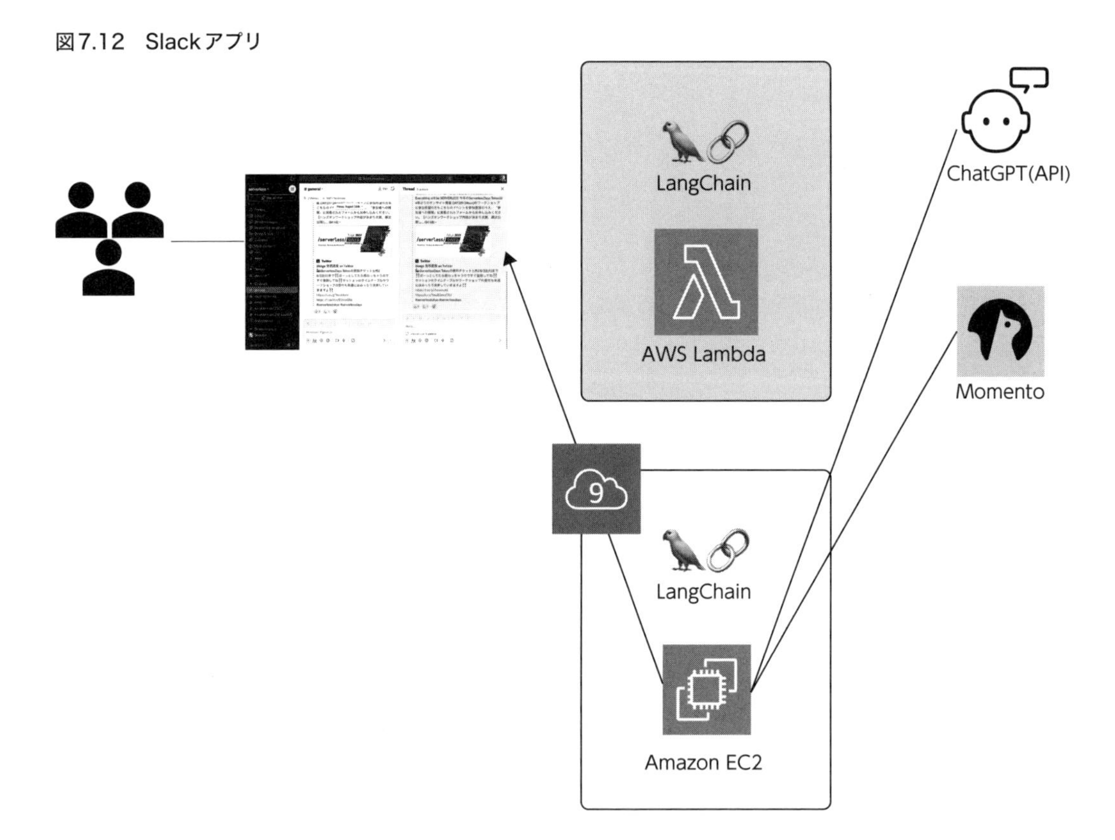

1 Slackアプリ画面の左パネル「Socket Mode」から「Enable using Socket Mode」をONにします。

図7.13 ソケットモードのON/OFF設定画面

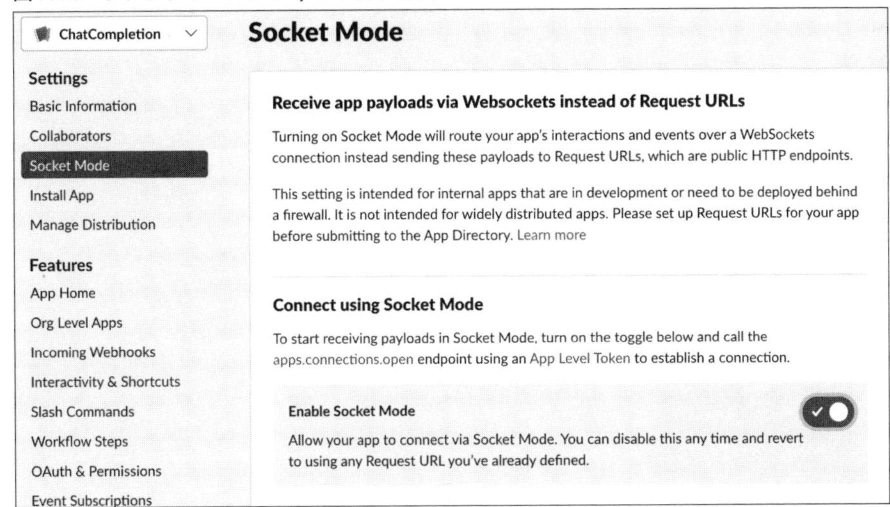

Slack Bolt for Python とは？

Slack Boltは、Slackアプリを簡単に構築するための基盤となるフレームワークです。本書でメインで利用するPython版も配布されています。

開発用の組込みのHTTPサーバーのアダプタや、Signing Secretを使ったSlackからリクエストの署名を検証する機能や、AWS Lambdaで利用するためのLazyリスナーの実装など、たくさんの便利な機能が組み込まれています。

参考：Bolt入門ガイド
https://slack.dev/bolt-python/ja-jp/tutorial/getting-started

7.6 アプリケーションを作成する

1 リポジトリルートから右クリックして「New file」を指定してapp.pyファイルを作ります。

図7.14 リポジトリルート

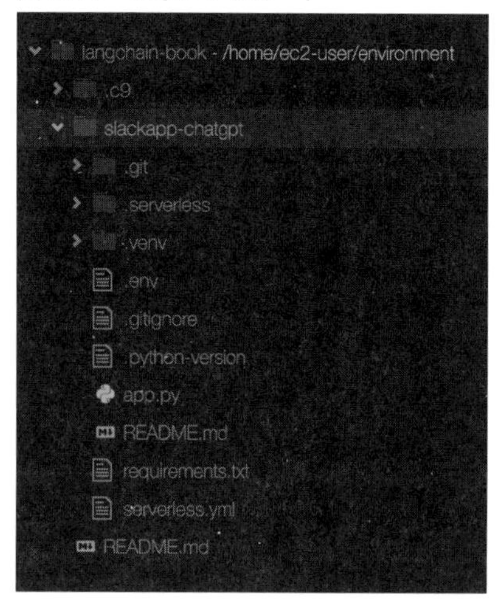

2 app.pyを次のように編集します。

```
import os
from dotenv import load_dotenv
from slack_bolt import App
from slack_bolt.adapter.socket_mode import SocketModeHandler

load_dotenv()

# ボットトークンとソケットモードハンドラーを使ってアプリを初期化します
app = App(token=os.environ.get("SLACK_BOT_TOKEN"))

# ソケットモードハンドラーを使ってアプリを起動します
if __name__ == "__main__":
    SocketModeHandler(app, os.environ["SLACK_APP_TOKEN"]).start()
```

3 コンソール画面で次のコマンドを実行します。

```
$ pip install slack_bolt==1.18.0 python-dotenv==1.0.0
```

4 アプリケーションを起動します。

```
$ python app.py
⚡ Bolt app is running!
```

5 「⚡ Bolt app is running!」が表示されることを確認し、Ctrl + Cで停止します。

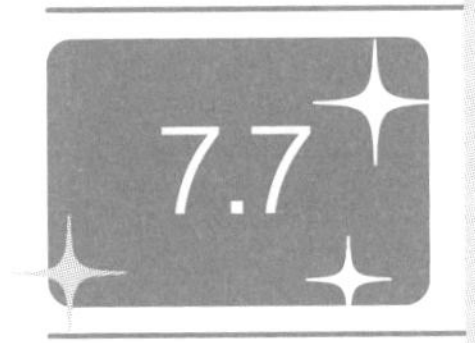

7.7 イベントを設定する

1 Slackアプリ画面の左パネルからEvent Subscriptionsを選択し、Enable EventsをONにします。

図7.15 Event Subscriptions画面

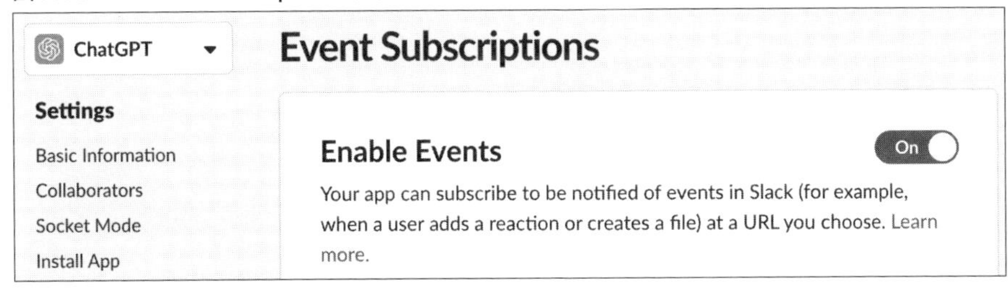

2 「Subscribe to bot events」を開いて「Add Bot User Event」をクリックし、「app_mention」を選択し、ページ右下で「Save Changes」をクリックします。

図7.16 Event Subscriptions画面

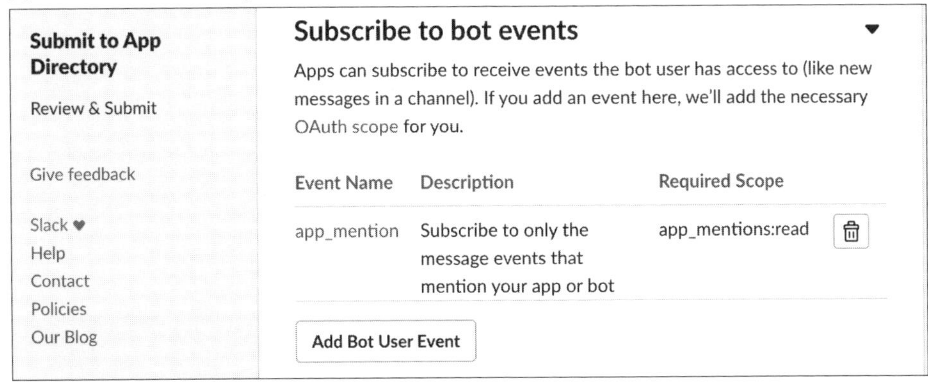

3 イベントが追加（スコープの追加）になったのでアプリの再インストールが必要になります。画面上部の案内から「reinstall your app」をクリックし、ワークスペースに再インストールします。

図7.17　ワークスペースへのSlackアプリ再インストール画面

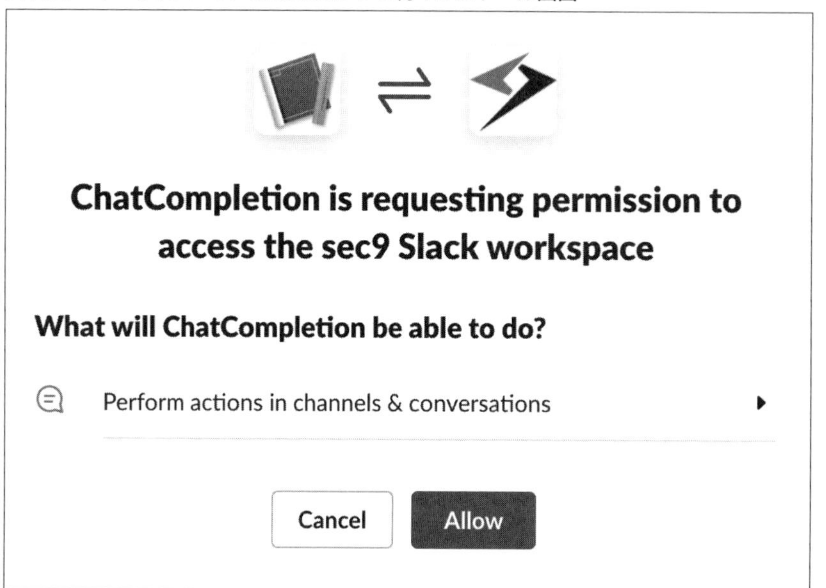

7.8 アクションを送信して応答する

1 app.pyに次のようにイベントに対するリスナー関数を追加します。

```
@app.event("app_mention")
def handle_mention(event, say):
    user = event["user"]
    say(f"Hello <@{user}>!")
```

2 再度アプリケーションを実行します。

```
$ python app.py
⚡ Bolt app is running!
```

3 インストールしたワークスペース内のいずれかのチャンネルにこのSlackアプリをinviteします。

4 チャンネル内でSlackアプリにメンションします。

5 「Hello @ユーザー名!」と表示されたらOKです。Ctrl + Cで停止します。

```
Slackユーザー「@ChatGPT こんにちわ」
Slackアプリ「Hello @吉田真吾!」
```

7.9 スレッド内で返信する

1 複数のSlackユーザーが同時に利用することを考え、チャンネル内に返信ではなく、メンションされたスレッド内に返信するようにapp.pyのhandle_mentionイベントを変更します。

```
@app.event("app_mention")
def handle_mention(event, say):
    user = event["user"]
    thread_ts = event["ts"]
    say(thread_ts=thread_ts, text=f"Hello <@{user}>!")
```

OpenAI APIを呼び出す

1 ここから本格的にOpenAIのAPIを使っていきます。LangChainでChat Completions APIを利用するために、langchainとopenaiパッケージをインストールします。

```
$ pip install langchain==0.0.292 openai==0.28.0
```

2 .envファイルにOpenAI APIキーや、実行時パラメータをセットします。

```
OPENAI_API_KEY=<your_api_key>
OPENAI_API_MODEL=gpt-3.5-turbo-16k-0613
OPENAI_API_TEMPERATURE=0.5
```

3 LangChainのChatOpenAIなどをimportします。

```
import re

from langchain.chat_models import ChatOpenAI
```

4 アプリ（app.py）の関数を次のように変更し、Chat Completions APIを利用するようにします。

```
@app.event("app_mention")
def handle_mention(event, say):
    thread_ts = event["ts"]
    message = re.sub("<@.*>", "", event["text"])

    llm = ChatOpenAI(
        model_name=os.environ["OPENAI_API_MODEL"],
        temperature=os.environ["OPENAI_API_TEMPERATURE"],
    )

    response = llm.predict(message)
    say(text=response, thread_ts=thread_ts)
```

5 再度アプリケーションを実行します。

```
$ python app.py
⚡ Bolt app is running!
```

メンションしてAPIが実行され、スレッドにChat Completionの結果が表示されたらOKです。

7.11 ストリーミングで応答する

このままだと、Chat Completions APIからのレスポンスがすべて完了してからSlackのスレッドに書き込まれており、実行中なのか内部エラーが発生しているのかわからない体験になってしまっています。せっかくChat Completions APIがストリーミング応答に対応しているので、これを指定してユーザーからの質問にChatGPTと同じようにすぐ答え始めて、徐々に言葉が付け足されていくように実装しましょう。

1 アプリ（app.py）の冒頭で、必要なライブラリをインポートし、変数を定義します。

```
import time
from typing import Any

CHAT_UPDATE_INTERVAL_SEC = 1
```

2 ここであらかじめ、AWS Lambdaで実行することを想定し、appクライアントの初期化パラメータを変更し、リスナー関数での処理が完了するまでHTTPレスポンスの送信を遅延させます。AWS LambdaのようなFunction as a Service（FaaS）ではHTTPレスポンスを返したあとにスレッドやプロセスの実行を続けることができないため、FaaSで応答を別インスタンスで実行可能にします。FaaSで起動する場合process_before_response=Trueは必須の設定です。

```
app = App(
    signing_secret=os.environ["SLACK_SIGNING_SECRET"],
    token=os.environ["SLACK_BOT_TOKEN"],
    process_before_response=True,
)
```

3 ここから利用するパッケージをimportします。

```
from langchain.callbacks.base import BaseCallbackHandler
from langchain.schema import LLMResult
```

4 応答ストリームを受け取るCallbackハンドラークラスを定義します。

```
class SlackStreamingCallbackHandler(BaseCallbackHandler):
    last_send_time = time.time()
    message = ""

    def __init__(self, channel, ts):
        self.channel = channel
        self.ts = ts

    def on_llm_new_token(self, token: str, **kwargs) -> None:
        self.message += token

        now = time.time()
        if now - self.last_send_time > CHAT_UPDATE_INTERVAL_SEC:
            self.last_send_time = now
            app.client.chat_update(
                channel=self.channel, ts=self.ts, text=f"{self.message}..."
            )

    def on_llm_end(self, response: LLMResult, **kwargs: Any) -> Any:
        app.client.chat_update(channel=self.channel, ts=self.ts, text=self.message)
```

5 LangChainのChatOpenAIクラスをLLM操作に利用するように変更します。また、同時に書き込みをコールバック関数側で行うように指定します。

```
@app.event("app_mention")
def handle_mention(event, say):
    channel = event["channel"]
    thread_ts = event["ts"]
    message = re.sub("<@.*>", "", event["text"])

    result = say("\n\nTyping...", thread_ts=thread_ts)
    ts = result["ts"]

    callback = SlackStreamingCallbackHandler(channel=channel, ts=ts)
    llm = ChatOpenAI(
        model_name=os.environ["OPENAI_API_MODEL"],
        temperature=os.environ["OPENAI_API_TEMPERATURE"],
        streaming=True,
        callbacks=[callback],
    )

    llm.predict(message)
```

6 再度アプリケーションを実行します。

```
$ python app.py
⚡ Bolt app is running!
```

応答をストリームとして受け取って書き込まれることを確認するために、"300文字くらいで自己紹介をしてください"といった質問をしてみてください。応答が即座にスレッド返信に書き込まれることが確認できます。ただし、最大で4回程度同様な応答が重複して書き込まれてしまったと思います。7.14節でこのリトライ処理の防止については対応します。

Slackからサーバーへのリトライ処理について

上のコードを実行すると、ストリーム状にSlackアプリから応答が返ってくるとともに、一定時間経過すると2回目の応答…3回目の応答と、重複して応答が書き込まれるような挙動をすることがあります。

SlackのEvents APIのエラー条件として3秒経過してもサーバーからの応答が完了しない場合エラーになり、最大3回までリトライすることになっているためです。

参考：Using the Slack Events API—Retries
https://api.slack.com/apis/connections/events-api#retries

7.12 会話履歴を保持する

さて、ここまででSlackアプリでChatGPTのようなユーザー体験を再現することができましたが、ここでは、Slackアプリが応答を返したスレッドのなかで、さらに複数回対話をするときに、前回の対話内容を覚えておくように処理を追加します。

対話しているスレッドの単位をキーとして履歴を保持しておくために、Momento Cacheというサービスを利用します。

Momento Cacheとは?

Momentoはアプリケーションキャッシュのサービスである「Momento Cache」や、Pub/Subでイベントのリアルタイムなファンアウトができる「Momento Topics」などをサービス展開する米国シアトルのスタートアップです。創業者であるCEOのKhawajaさんはAmazon DynamoDBのVice Presidentを長年勤めた人で、大規模分散システムが得意であり、Momento Cacheも99.9パーセンタイルのリクエストを3ミリ秒で応答する安定して高速な性能を実現しています。アプリケーションキャッシュとしてよく利用されるRedisやMemcachedは、オンプレミスでもクラウドでも、クラスタやインスタンスをユーザーが管理する必要がある場合が多いです。一方で、Momento Cacheはたくさん使う場合も少ししか使わない場合も、そういったインフラの管理を意識する必要がなく、API経由で利用でき、課金も使った分だけという完全なサーバーレスなサービスとして提供されているため、ここで利用することにしています。

MomentoはLangChainから数行で利用できるようになっています。

Momentoのアカウントサインアップから APIトークンの作成、キャッシュの作成までは付録「Webアプリ、Slackアプリ開発の環境構築」を参考に作成してください。ここではアカウント、APIトークン、キャッシュ名がわかっている状態で進めます。

それではさっそく履歴処理を追加していきましょう。

1 Cloud9のターミナルコンソールでMomentoのライブラリをインストールします。

```
$ pip install momento==1.9.2
```

2 環境変数として.envファイルにMomentoのトークンや作成したキャッシュ名、TTL(時間)などのパラメータを追加します。

```
MOMENTO_AUTH_TOKEN=xxxxxxxx
MOMENTO_CACHE=xxxxxxxx
MOMENTO_TTL=1
```

3 アプリ(app.py)でLangChainのいくつかのモジュールをインポートします。

```
from datetime import timedelta
from langchain.memory import MomentoChatMessageHistory
from langchain.schema import HumanMessage, LLMResult, SystemMessage
```

4 handle_mention関数内で、Momentoの履歴クライアントを作成します。追加で新規投稿のためのキーおよび2回目以降の更新対象の投稿のキーを変数に設定します。

```
    # 投稿のキー(=Momentoキー):初回=event["ts"],2回目以降=event["thread_ts"]
    id_ts = event["ts"]
    if "thread_ts" in event:
        id_ts = event["thread_ts"]

    history = MomentoChatMessageHistory.from_client_params(
        id_ts,
        os.environ["MOMENTO_CACHE"],
        timedelta(hours=int(os.environ["MOMENTO_TTL"])),
    )
```

5 さらにhandle_mention関数内で、履歴の読み出し処理と、ユーザー入力を記憶に追加する処理を追加します。

```
    messages = [SystemMessage(content="You are a good assistant.")]
    messages.extend(history.messages)
    messages.append(HumanMessage(content=message))
    history.add_user_message(message)
```

6 Chat Completions APIの呼び出し後に、履歴キャッシュへのメッセージの追加処理を追加します。

```
    ai_message = llm(messages)
    history.add_message(ai_message)
```

7 ここまででhandle_mention関数は次のようになっているはずです。

```
def handle_mention(event, say):
    channel = event["channel"]
    thread_ts = event["ts"]
    message = re.sub("<@.*>", "", event["text"])

    # 投稿のキー(=Momentoキー):初回=event["ts"],2回目以降=event["thread_ts"]
    id_ts = event["ts"]
    if "thread_ts" in event:
        id_ts = event["thread_ts"]

    result = say("\n\nTyping...", thread_ts=thread_ts)
    ts = result["ts"]

    history = MomentoChatMessageHistory.from_client_params(
        id_ts,
        os.environ["MOMENTO_CACHE"],
        timedelta(hours=int(os.environ["MOMENTO_TTL"])),
    )

    messages = [SystemMessage(content="You are a good assistant.")]
```

```
    messages.extend(history.messages)
    messages.append(HumanMessage(content=message))

    history.add_user_message(message)

    callback = SlackStreamingCallbackHandler(channel=channel, ts=ts)
    llm = ChatOpenAI(
        model_name=os.environ["OPENAI_API_MODEL"],
        temperature=os.environ["OPENAI_API_TEMPERATURE"],
        streaming=True,
        callbacks=[callback],
    )

    ai_message = llm(messages)
    history.add_message(ai_message)
```

8 再度アプリケーションを実行します。

```
$ python app.py
⚡ Bolt app is running!
```

スレッドのやりとりを記憶しているかどうか、"わたしの名前は〇〇です"→"わたしの名前を覚えてますか"などと聞いてみて、正しく回答されるか確認してみましょう。

7.13 LazyリスナーでSlackのリトライ前に単純応答を返す

前述のとおり、アプリ側でコールバック関数への書き込みをしながら最終的なHTTPレスポンスを遅延させることはできても、Slackが3秒以内にHTTPレスポンスを受け取れないとリトライをしてしまうということがわかりました。ここではそれを解決するためにLazyリスナーという仕組みを使って、Slackに3秒以内に単純な応答を返したあとで、コールバックで応答を書き込んでいく（正確には自分の投稿をくりかえし更新する）形に変えてみましょう。

Lazyリスナー関数はBolt for Pythonで利用可能な仕組みで、AWS LambdaのようにHTTPレスポンスを返すと処理が終了してしまうのを抑止することで、単純応答を返したあとにも処理を継続する、ストリーミングレスポンスのために重要な仕組みです。

1 handle_mention関数につけた @app.event("app_mention") を削除（またはコメントアウト）します。

```
# @app.event("app_mention")
def handle_mention(event, say):
```

2 メンション時に呼び出される関数で、Lazyリスナー関数を有効にし、応答後もプロセスが実行可能に指定します。

```
def just_ack(ack):
    ack()

app.event("app_mention")(ack=just_ack, lazy=[handle_mention])
```

3 再度アプリケーションを実行します。

```
$ python app.py
⚡ Bolt app is running!
```

回答が1回だけ表示されるようになったことが確認できたと思います。

7.14 AWS Lambdaで起動されるハンドラー関数を作成する

ローカルで起動する際のmain関数とは別に、AWS Lambda上で起動するときに呼び出しに指定するハンドラー関数を作成します。その際に、AWS Lambda環境のリクエスト情報をappが処理できるよう変換してくれるアダプターであるSlackRequestHandlerでの変換処理と、SlackからLambdaがリトライ実行されることを抑止する処理を追加します。

1 AWS Lambda環境のリクエスト情報をBolt appで処理できる形式に変換するSlackRequestHandlerアダプタを使うために、botoをインストールします。

```
$ pip install boto3==1.28.49
```

LambdaがSlackから複数コールされた場合の重複実行防止

本番環境としてAWS Lambdaを利用することにしました。7.13節で、Lazyリスナー関数を利用して、呼び出されたときにまず単純応答を返し、そのあとにコールバックで投稿を更新する処理にしましたが、AWS Lambdaがコールドスタートするときに3秒以上かかってしまう場合、結局何度もリトライが送信されてしまうことがあります。3秒以上かかっても、ほぼ確実に呼び出しはされていますので、完全な重複実行の排除方法ではないですが、Slackから呼び出された際のリクエストヘッダをチェックし、リトライ時には処理を行わないように実装します。

2 app.pyで追加のライブラリをimportします。

```
import json
import logging
from slack_bolt.adapter.aws_lambda import SlackRequestHandler
```

3 ロガーを作成しておきます。

```
# ログ
SlackRequestHandler.clear_all_log_handlers()
logging.basicConfig(
    format="%(asctime)s [%(levelname)s] %(message)s", level=logging.INFO
)
logger = logging.getLogger(__name__)
```

4 AWS Lambda上で起動するときの呼び出しに指定するhandler関数を作成します。handler関数でリクエストヘッダを参照し、リトライ時は処理を無視する実装をします。

```
def handler(event, context):
    logger.info("handler called")
    header = event["headers"]
    logger.info(json.dumps(header))

    if "x-slack-retry-num" in header:
        logger.info("SKIP > x-slack-retry-num: %s", header["x-slack-retry-num"])
        return 200

    # AWS Lambda 環境のリクエスト情報を app が処理できるよう変換してくれるアダプター
    slack_handler = SlackRequestHandler(app=app)
    # 応答はそのまま AWS Lambda の戻り値として返せます
    return slack_handler.handle(event, context)
```

7.15 chat.update API制限を回避する

chat.update処理はSlack APIにおいてTier 3のメソッドとして定義されており、1分間に50回までのコール制限があり、これを超えるとRateLimitedErrorになります。そこで、当初1秒間隔で更新しているchat.update処理を、10回ごとに更新間隔を2倍に増やしていくことで、Chat Completions APIの応答全体が長時間かかっても問題が発生しないようにします。

参考：Rate Limits

https://api.slack.com/docs/rate-limits

1 新たに投稿を更新した累計回数カウンタを設けて、on_llm_new_token関数に次のように処理を追加します。

```
    def __init__(self, channel, ts):
        self.channel = channel
        self.ts = ts
        self.interval = CHAT_UPDATE_INTERVAL_SEC
        # 投稿を更新した累計回数カウンタ
        self.update_count = 0

    def on_llm_new_token(self, token: str, **kwargs) -> None:
        self.message += token

        now = time.time()
        if now - self.last_send_time > self.interval:
            app.client.chat_update(
                channel=self.channel, ts=self.ts, text=f"{self.message}\n\nTyping..."
            )
            self.last_send_time = now
            self.update_count += 1

            # update_countが現在の更新間隔X10より多くなるたびに更新間隔を2倍にする
            if self.update_count / 10 > self.interval:
                self.interval = self.interval * 2
```

2 再度アプリケーションを実行します。

```
$ python app.py
⚡ Bolt app is running!
```

長いレスポンスでもAPIの制限エラーにならず、投稿の更新間隔が少しずつ延びていることがわかります。

7.16 Slack投稿をリッチにする

Chat Completions APIの完了時に、このメッセージがChatGPTのAPIを利用して作成された旨を注意喚起表示（ディスクレイマー表示）します。後の章で解説しますが、生成系AIを利用していることをUIで明示することは重要なことなので、必ず表示することにしてください。ディスクレイマー部分の表示には、本文と違う表示エリアに表示するために、SlackのBlock Kitの「コンテキストブロック」を利用します。

Slack Block Kitとは

投稿内容に情報やアクションをブロックのように追加してリッチな表現を可能にするためのSDKおよびそれらの支援ツールです。Block Kitのページでは、実際に各ブロックの外観を作成しながら、メッセージのJSONをプレビューできるページも用意されています。

参考：Block Kit

https://api.slack.com/block-kit

1 投稿内容がすべて返ってきた時点で最後に呼ばれるon_llm_end関数内でdividerブロックとcontextブロックを追加して次のように投稿を更新します。

```
    def on_llm_end(self, response: LLMResult, **kwargs: Any) -> Any:
        message_context = "OpenAI APIで生成される情報は不正確または不適切な場合がありますが、
当社の見解を述べるものではありません。"
```

```
message_blocks = [
    {"type": "section", "text": {"type": "mrkdwn", "text": self.message}},
    {"type": "divider"},
    {
        "type": "context",
        "elements": [{"type": "mrkdwn", "text": message_context}],
    },
]
app.client.chat_update(
    channel=self.channel,
    ts=self.ts,
    text=self.message,
    blocks=message_blocks,
)
```

2　再度アプリケーションを実行します。

```
$ python app.py
⚡ Bolt app is running!
```

投稿完了時にコンテキストブロックが表示されるようになりました。

おつかれさまでした。ここまでで実装は完了です。

7.17 デプロイする

ここまではSocket ModeでCloud9でローカル実行していましたが、ここからはAWS Lambdaにアプリケーションをパッケージしてデプロイします。

1 Pythonの依存ライブラリのバージョンを固定するためにrequirements.txtを作成します。

```
$ pip freeze > requirements.txt
```

ここからアプリケーションをデプロイしていきます。デプロイ作業にはServerless Framework注2を利用します。

Serverless Frameworkとは

サーバーレスアプリケーションをコードで定義することで、複数のコンポーネントをまとめたスタックとして管理することができます。Serverless Frameworkを使うことで、プロジェクトの作成からアプリケーションのテストや実行環境へのパッケージ化やリリースまで実行可能です。

今回はServerless Frameworkを用いてここまで作成してきたSlackアプリを、LangChainなどの依存ライブラリをまとめてパッケージ化してリリースするだけでなく、AWS Lambda関数の設定や、環境変数の展開など一連の設定作業も行います。

1 Serverless Frameworkのインストール
Cloud9のコンソールで次のコマンドを実行してServerless Frameworkとプラグインをインストールします。

```
$ npm install -g serverless@3.35.2
$ serverless -v
```

注2　https://www.serverless.com/

2 serverless.ymlを書く

次のようにリポジトリ配下にserverless.ymlファイルを作成します。

```
service: LangChainBook-ChatGPTSlackFunction
frameworkVersion: '3'

provider:
  name: aws
  region: ap-northeast-1
  stage: dev
  iam:
    role:
      statements:
        - Effect: Allow
          Action:
            - lambda:InvokeFunction
          Resource: '*'

package:
  patterns:
    - '!.venv/**'
    - '!.env'
    - '!.gitignore'
    - '!.python-version'
    - '!.git/**'

functions:
  app:
    name: LangChainBook-ChatGPTSlackFunction-${sls:stage}-app
    handler: app.handler
    runtime: python3.10
    memorySize: 512
    timeout: 900
    url: true

plugins:
  - serverless-python-requirements
  - serverless-dotenv-plugin
```

3 Serverless Frameworkのプラグインをインストールします。

```
$ serverless plugin install -n serverless-python-requirements@6.0.0
$ serverless plugin install -n serverless-dotenv-plugin@6.0.0
```

4 デプロイします。

```
$ serverless deploy
```

Socket Modeから AWS Lambdaに切り替える

1. Slackアプリ画面の左パネル「Socket Mode」から「Enable using Socket Mode」をOFFにします。

図7.18　Slackアプリのソケットモード画面

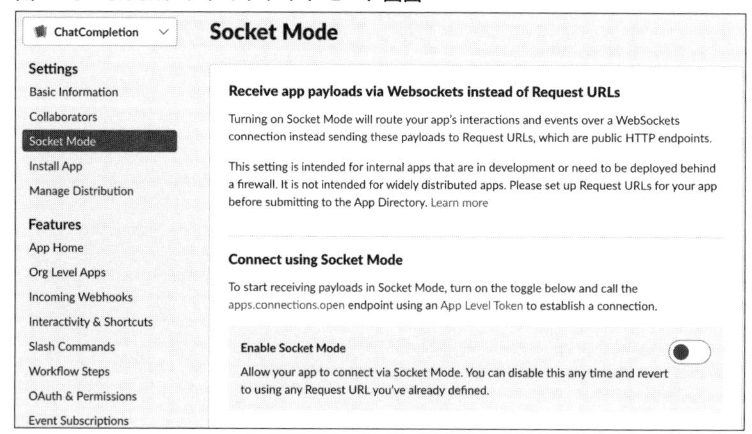

2. AWS Lambdaコンソールに移動して`LangChainBook-ChatGPTSlackFunction-dev-app`関数の関数URLをコピーします。
関数名→設定→関数URLで表示されます。

図7.19　AWS Lambdaコンソール画面の設定画面（関数URL表示エリア）

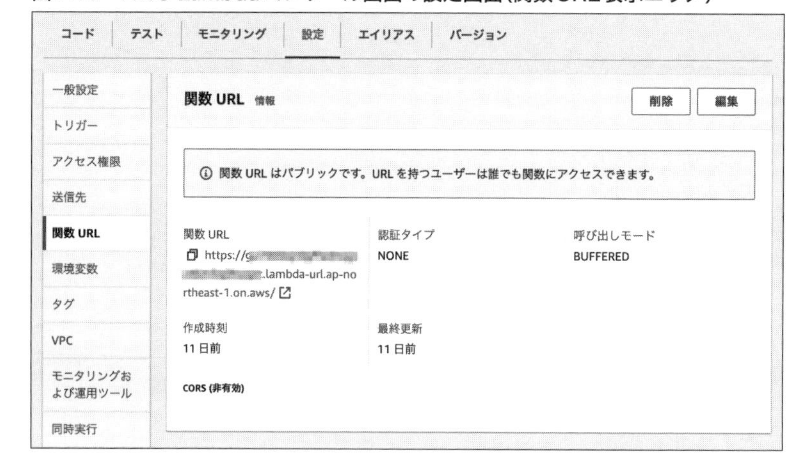

3 Slackアプリ画面の左パネル「Event Subscriptions」から「Enable Events」をONにして、Request URLにAWS Lambdaの関数URLを入力して「Verified」になることを確認します。Verified表示がされたら画面右下の「Save Changes」をクリックして、変更を保存しましょう。app.pyには疎通確認用のURLに応答を返す処理を定義していませんが、この処理はapp.pyでimportしたBolt for Pythonが自動でやってくれるので実装不要です[注3]。

図7.20 Slackアプリ画面のEvent Subscriptions画面

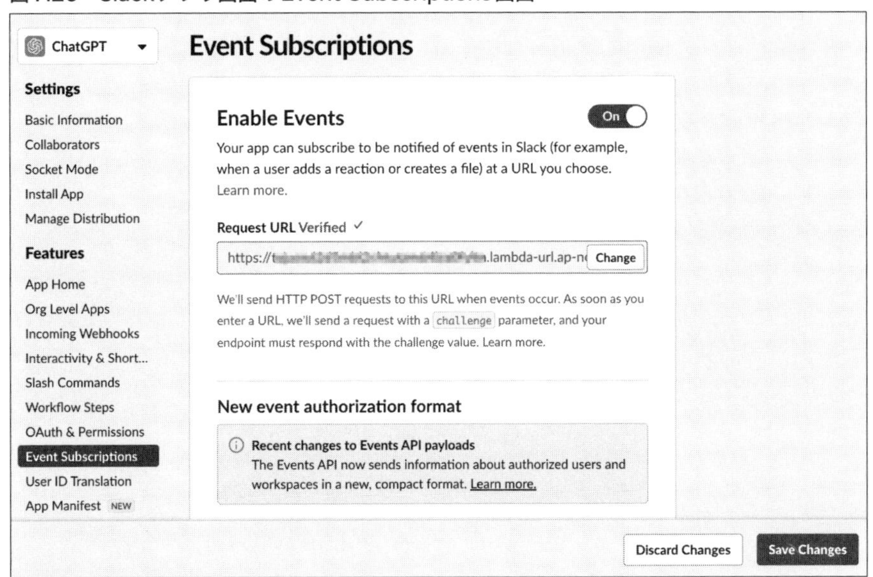

4 画面右下の「Save Changes」をクリックして、変更を保存しましょう。

5 Slackアプリにメンションして、AWS Lambdaでの実行結果を確認してみましょう。

おつかれさまでした、これで第7章の実装はすべて完了です。

注3 URLの確認プロセスでAWS Lambdaが実際に起動されますが、起動時間がかかりすぎて検証エラーになることがあります。その場合は何度かリトライしてください。

認証なしの関数URLでも大丈夫？

AWS Lambdaをよく知っている人であれば、関数URLが認証なしで呼ばれることに不安を持たれる方もいるかもしれません。この章で作成したSlackアプリで利用しているSlack Bolt for Pythonでは、疎通確認の応答のとき同様、Signing Secretを用いてSlackアプリからのリクエスト署名を検証する処理が内部で行われているため、この署名がないリクエストを受け取っても処理が実行されないようになっています。この仕組みを理解したうえで、必要に応じてフロントをAPI Gatewayに変えるなどの対策も検討してみてください。

まとめ

第7章ではChat Completions APIを利用したSlackアプリをサーバーレスな環境で実際に構築してみるハンズオンをしました。このSlackアプリに利用したSlack Bolt for Python、Slack Block Kit、AWS Lambda、Serverless Framework、Momento Cacheには、ここで利用した以外にもたくさんの機能があります。今回は使う機能に限定して説明しましたが、ぜひ公式ドキュメントなどを確認して、さらなる機能追加にチャレンジしてみてください。

第8章

社内文書に答えるSlackアプリの実装

第8章では、第7章で構築したSlackアプリをベースに、社内文書に関する質問に対して答えてくれるSlackアプリを作ります。
前提として、ChatGPTのモデルであるgpt-3.5-turboやgpt-4はインターネット上のデータなどを用いてトレーニングされているので、我々が社内に保管している知識については知りません。どのような仕組みで実現すればよいのでしょうか？

8.1 独自の知識をChatGPTに答えさせる

ファインチューニングとRAG (Retrieval Augmented Generation)

LLMから独自の知識を取得する方法はいくつか考えられます。RAGという手順で独自知識の取得と回答を生成する方法、モデルに独自知識を追加学習させるファインチューニング、独自知識に特化したモデルを一から作成するなどの方法です。

このうち、独自知識について精度の高い検索機能と組み合わせて、ユーザーの意図に合わせた結果を取得して回答を生成する手法としてもっとも手軽に実践できるのがRAGというワークフローです。独自知識を使ってモデルに追加学習させるファインチューニングは、機械学習の知識が必要だったり、計算リソースが必要でコスト面でハードルが高いためここでは扱いませんが、興味がある人は機会があれば試してみてください。

RAGワークフロー

RAGワークフローは、モデルを使って情報を検索 (retrieval) する工程と、モデルを使って回答を生成 (generation) する工程を組み合わせて利用することで、知識に対する回答を、文章スタイルなどを指定して生成する方法です。これにより、検索結果そのままではなく、たとえば要約して回答したり、質問者のペルソナ (ex. 5歳児にもわかるように) に合わせた回答文を生成することができます。

図8.1　RAG

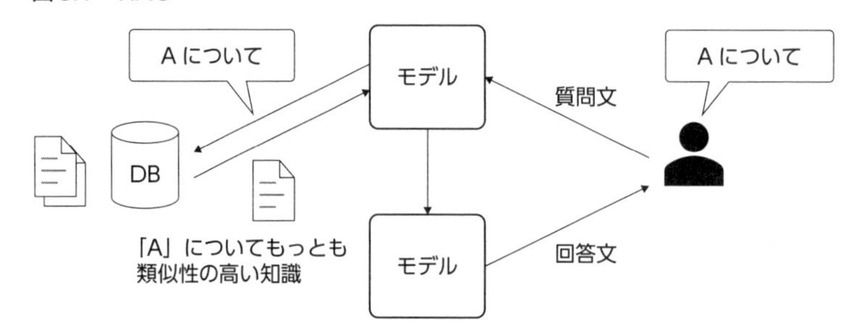

回答文の生成にLLMが必要か

今回作成するSlackアプリは、ユーザーの質問から得られた知識を端的な回答として答えるユーザー体験を想定しています。ただし、社内の独自知識自体が端的な文章ですでに整理されている場合などは、回答をLLMで生成するよりも、一覧表示形式のUIに、検索で取得したデータを類似度の高い順に並べて表示するほうが有効な場面も多いことが考えられます。複数の検索結果候補を提示できるうえに、LLMで回答を生成する場合は、第7章で作成したように、応答の生成自体にそれなりのレスポンス時間がかかってしまうことや、せっかく端的に整理されている独自知識における重要な文脈が、LLMによる回答生成時に落ちてしまう可能性があるためです。

よって、検索結果をそのまま表示するか、RAGの仕組みを利用するか、どちらがユーザーにとって使いやすいUIかどうかを設計時にしっかりと検討をすることをおすすめします。

業務を圧迫する「何かを探している時間」

先週提出した提案書はどこに格納していたかな、とか、先月ミーティングしたときの議事録はどこだったかなとか、最新の料金表はどれだったかな、など、現在多くの企業において、業務に利用するさまざまなツールが乱立しており、業務の中で多くの時間を過去蓄積されたナレッジや文章の検索に費やされていることがあります。また、そういった過去の情報をポータルとして整理していないために、活用されないまま、それらをよく知るメンバーが毎日のように同じような質問を社内で受けることになるということがよく発生します。筆者（吉田）が初めてのLLMアプリの製品企画をした背景は、まさにそのように、少ない人数で業務を回している人事担当者の負担を解決したいと相談されたことがきっかけでした。われわれが提供しているFAQ機能や、人事担当者がよく受ける問い合わせ内容が蓄積されているので、これらをベクターデータ化して検索に利用し、Chat Completions APIで回答を生成する仕組みを作ってみようという試みでした。

社内データを整備する

質問の意図に適した回答が得られるシステムを構築するために、社内に散在している独自知識を整理しておける場合は、あらかじめ整理しておきましょう。文章から不要な内容や冗長な表現を排除しておくことで回答の精度が上がるだけでなく、無駄なトークンの消費も少なく抑えることが可能になります。それらの文章の整理にChatGPTを活用することもよいアイデアの1つです。たとえば、複数の文書を一定のチャンクサイズに分割して、一定のサイズごとの埋め込み表現に変換するような場合、一部の文章だけ飛び抜けて冗長で複数のチャンクにまたがってしまうと、アプリのつくりによっては回答の精度が下がってしまう可能性があります。可能な限り同一の知識が同じチャンク内に収まるように工夫してみましょう。

8.2 埋め込み表現（embeddings）とは

RAGの検索工程では、質問文から埋め込みを取得し、独自知識のベクターデータと比較する検索方法がよく使われます。OpenAIではEmbeddings APIが提供されており、文書の特定のサイズ（チャンク）に対して、コンピューターが言語処理・解析しやすいベクトル空間の数値データに変換することで、質問文（こちらもベクターデータ化したもの）と類似度による検索が可能になり、単語単位では完全一致しなくても、意味の近い知識を取り出す目的で利用できます。埋め込み表現の手法は複数ありますが、それらの手法を用いて単語やフレーズをベクトル空間に埋め込むことで、単語やフレーズ間の類似度をその距離や方向性として表現して解析しやすくすることができます。

OpenAIのEmbeddings APIではtext-embeddings-ada-002というモデルを用いて、1536次元（固定）の埋め込み表現が取得できます。気になる方は、のちほど実装するなかで、取得したデータをダンプして実際のベクターデータのイメージを確認してみてください。

8.3 実装するアプリケーションの概要

この章では、第7章で実装したSlackアプリに、ベクターデータベースのクラウドサービスであるPineconeを追加して、事前に与えた文書に回答するしくみを実装します。

図8.2 第7章のSlackアプリにPineconeを追加した構成

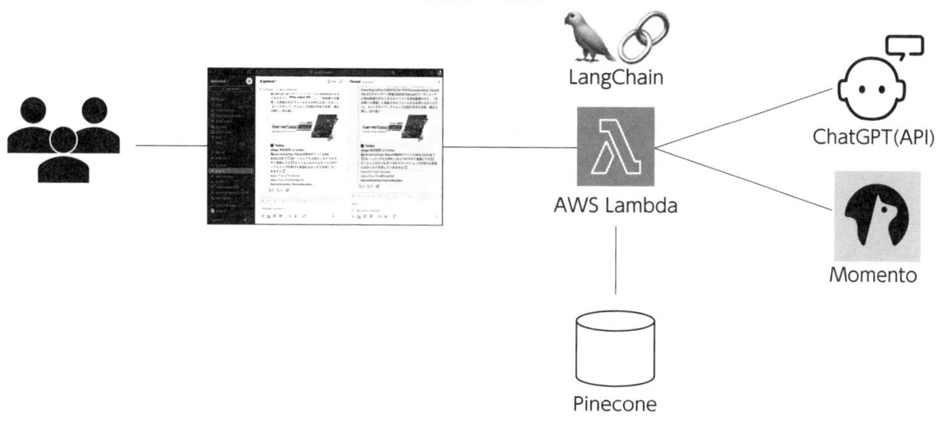

完成版のソースコード

この章の実装は、第7章で実装したソースコードをもとに進めます。大きく実装を追加・変更するのは、検索対象のドキュメントを追加するプログラム「add_document.py」と、Slackアプリの「app.py」です。まず、この章の完成版のソースコード（add_document.pyとapp.py）を次に掲載します。こちらを順を追って解説しながら、ステップ単位で実装していきましょう。

リスト8.1 検索対象のドキュメントを追加するプログラムの完成版(add_document.py)

```
import logging
import os
import sys

import pinecone
from dotenv import load_dotenv
from langchain.document_loaders import UnstructuredPDFLoader
from langchain.embeddings.openai import OpenAIEmbeddings
from langchain.text_splitter import CharacterTextSplitter
```

```
from langchain.vectorstores import Pinecone

load_dotenv()

logging.basicConfig(
    format="%(asctime)s [%(levelname)s] %(message)s", level=logging.INFO
)
logger = logging.getLogger(__name__)

def initialize_vectorstore():
    pinecone.init(
        api_key=os.environ["PINECONE_API_KEY"],
        environment=os.environ["PINECONE_ENV"],
    )

    index_name = os.environ["PINECONE_INDEX"]
    embeddings = OpenAIEmbeddings()
    return Pinecone.from_existing_index(index_name, embeddings)

if __name__ == "__main__":
    file_path = sys.argv[1]
    loader = UnstructuredPDFLoader(file_path)
    raw_docs = loader.load()
    logger.info("Loaded %d documents", len(raw_docs))

    text_splitter = CharacterTextSplitter(chunk_size=300, chunk_overlap=30)
    docs = text_splitter.split_documents(raw_docs)
    logger.info("Split %d documents", len(docs))

    vectorstore = initialize_vectorstore()
    vectorstore.add_documents(docs)
```

リスト8.2　社内文書に答える完成版のSlackアプリ(app.py)

```
import json
import logging
import os
import re
import time
from datetime import timedelta
from typing import Any

from add_document import initialize_vectorstore
from dotenv import load_dotenv
from langchain.callbacks.base import BaseCallbackHandler
from langchain.chains import ConversationalRetrievalChain, RetrievalQA
from langchain.chat_models import ChatOpenAI
from langchain.memory import ConversationBufferMemory, MomentoChatMessageHistory
from langchain.schema import HumanMessage, LLMResult, SystemMessage
```

```
from slack_bolt import App
from slack_bolt.adapter.aws_lambda import SlackRequestHandler
from slack_bolt.adapter.socket_mode import SocketModeHandler

CHAT_UPDATE_INTERVAL_SEC = 1

load_dotenv()

# ログ
SlackRequestHandler.clear_all_log_handlers()
logging.basicConfig(
    format="%(asctime)s [%(levelname)s] %(message)s", level=logging.INFO
)
logger = logging.getLogger(__name__)

# ボットトークンを使ってアプリを初期化します
app = App(
    signing_secret=os.environ["SLACK_SIGNING_SECRET"],
    token=os.environ["SLACK_BOT_TOKEN"],
    process_before_response=True,
)


class SlackStreamingCallbackHandler(BaseCallbackHandler):
    last_send_time = time.time()
    message = ""

    def __init__(self, channel, ts):
        self.channel = channel
        self.ts = ts
        self.interval = CHAT_UPDATE_INTERVAL_SEC
        # 投稿を更新した累計回数カウンタ
        self.update_count = 0

    def on_llm_new_token(self, token: str, **kwargs) -> None:
        self.message += token

        now = time.time()
        if now - self.last_send_time > self.interval:
            app.client.chat_update(
                channel=self.channel, ts=self.ts, text=f"{self.message}\n\nTyping..."
            )
            self.last_send_time = now
            self.update_count += 1

            # update_countが現在の更新間隔X10より多くなるたびに更新間隔を2倍にする
            if self.update_count / 10 > self.interval:
                self.interval = self.interval * 2

    def on_llm_end(self, response: LLMResult, **kwargs: Any) -> Any:
```

```
        message_context = "OpenAI APIで生成される情報は不正確または不適切な場合がありますが、
当社の見解を述べるものではありません。"
        message_blocks = [
            {"type": "section", "text": {"type": "mrkdwn", "text": self.message}},
            {"type": "divider"},
            {
                "type": "context",
                "elements": [{"type": "mrkdwn", "text": message_context}],
            },
        ]
        app.client.chat_update(
            channel=self.channel,
            ts=self.ts,
            text=self.message,
            blocks=message_blocks,
        )


# @app.event("app_mention")
def handle_mention(event, say):
    channel = event["channel"]
    thread_ts = event["ts"]
    message = re.sub("<@.*>", "", event["text"])

    # 投稿のキー(=Momentoキー):初回=event["ts"],2回目以降=event["thread_ts"]
    id_ts = event["ts"]
    if "thread_ts" in event:
        id_ts = event["thread_ts"]

    result = say("\n\nTyping...", thread_ts=thread_ts)
    ts = result["ts"]

    history = MomentoChatMessageHistory.from_client_params(
        id_ts,
        os.environ["MOMENTO_CACHE"],
        timedelta(hours=int(os.environ["MOMENTO_TTL"])),
    )
    memory = ConversationBufferMemory(
        chat_memory=history, memory_key="chat_history", return_messages=True
    )

    vectorstore = initialize_vectorstore()

    callback = SlackStreamingCallbackHandler(channel=channel, ts=ts)
    llm = ChatOpenAI(
        model_name=os.environ["OPENAI_API_MODEL"],
        temperature=os.environ["OPENAI_API_TEMPERATURE"],
        streaming=True,
        callbacks=[callback],
    )
```

```
    condense_question_llm = ChatOpenAI(
        model_name=os.environ["OPENAI_API_MODEL"],
        temperature=os.environ["OPENAI_API_TEMPERATURE"],
    )

    qa_chain = ConversationalRetrievalChain.from_llm(
        llm=llm,
        retriever=vectorstore.as_retriever(),
        memory=memory,
        condense_question_llm=condense_question_llm,
    )

    qa_chain.run(message)


def just_ack(ack):
    ack()


app.event("app_mention")(ack=just_ack, lazy=[handle_mention])

# ソケットモードハンドラーを使ってアプリを起動します
if __name__ == "__main__":
    SocketModeHandler(app, os.environ["SLACK_APP_TOKEN"]).start()


def handler(event, context):
    logger.info("handler called")
    header = event["headers"]
    logger.info(json.dumps(header))

    if "x-slack-retry-num" in header:
        logger.info("SKIP > x-slack-retry-num: %s", header["x-slack-retry-num"])
        return 200

    # AWS Lambda 環境のリクエスト情報を app が処理できるよう変換してくれるアダプター
    slack_handler = SlackRequestHandler(app=app)
    # 応答はそのまま AWS Lambda の戻り値として返せます
    return slack_handler.handle(event, context)
```

8.4 開発環境を構築する

第7章で解説したSlackアプリの完成状態から実装を進めていきましょう。

1. AWS Cloud9を開きます。
2. 第7章で作成したSlackbotのディレクトリに移動してPythonの仮想環境を有効化します。

```
$ pwd
/home/ec2-user/environment
$ cd slackapp-chatgpt
$ . .venv/bin/activate
```

3. 再度ローカル開発をするために、Slackアプリ画面において、左の画面からSocket Modeを選択し、再度有効化します。

図8.3 Socket Modeの設定画面

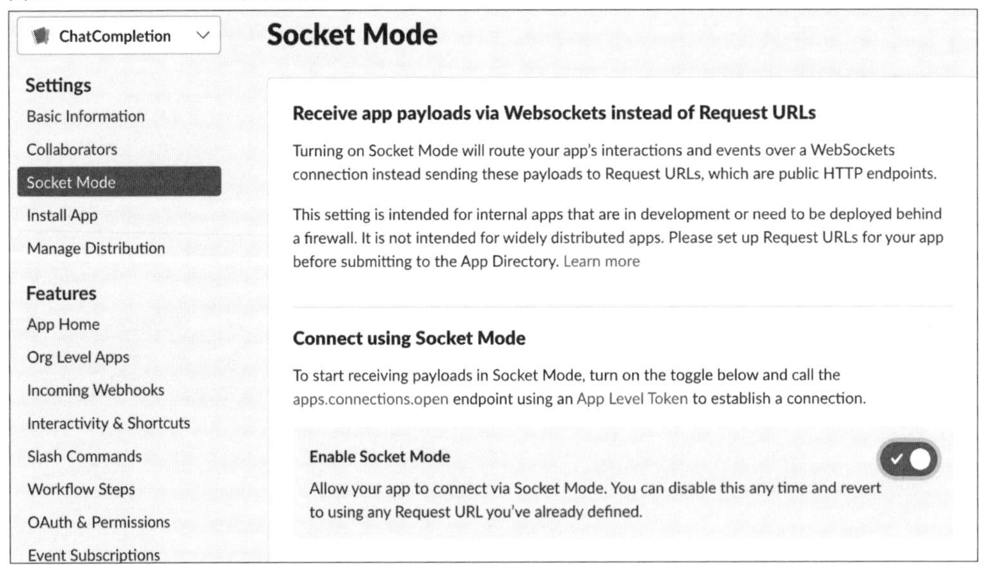

Cloud9のディスクスペースが不足している場合の拡張方法

Cloud9上でPythonのライブラリやデプロイのアーティファクトが増えてくると、環境作成時のデフォルトのディスクスペース = 10GiBでは不足してしまう場合があります。その場合は、次のようにディスクスペースを拡張してください。

1 Cloud9コンソールから「EC2インスタンスの管理」を押下して、EC2コンソールを開きます。

図8.4 Cloud9コンソールで「EC2インスタンスの管理」を押下する

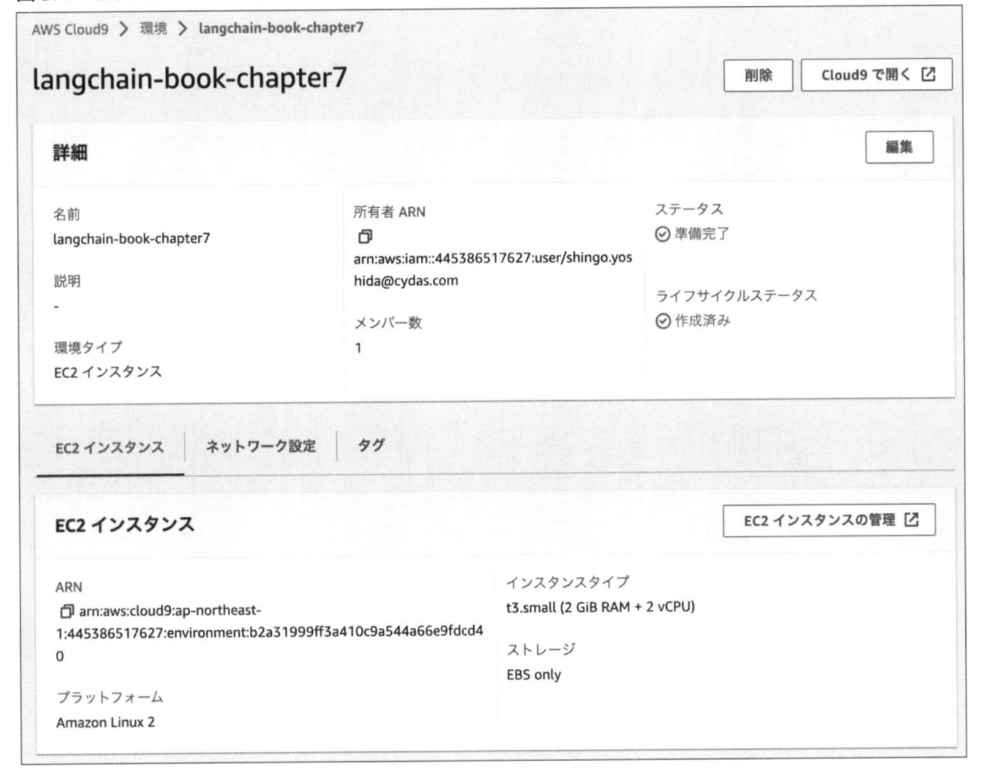

8

2 当該Cloud9をホストしているEC2インスタンスがリスト表示されているので、選択して詳細表示し、「ストレージ」タブからアタッチされているEBSボリュームサイズを確認します。

図8.5 EBSボリュームサイズの確認

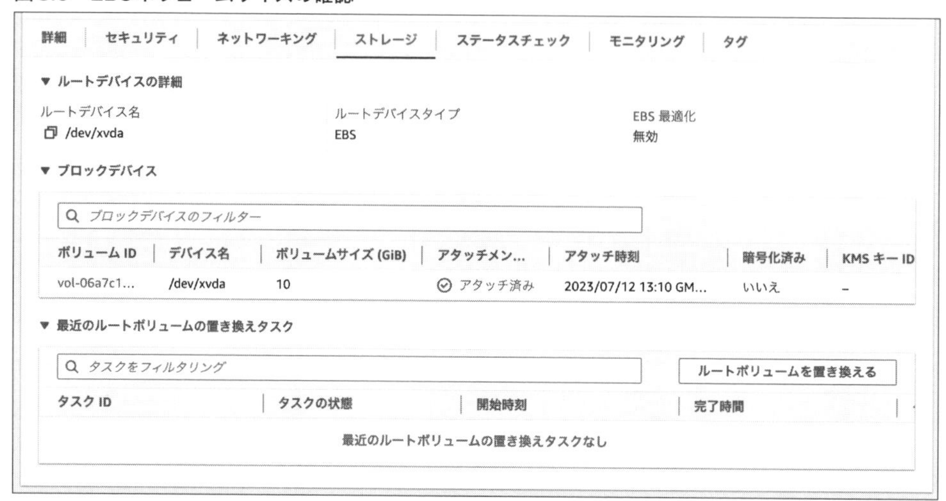

3 Cloud9環境に移動し、ホームディレクトリ直下でコマンドラインか左パネルから右クリック→「New File」を選択して「resize.sh」ファイルを作成し、編集画面で開きます。

```
$ pwd
/home/ec2-user/environment
$ touch resize.sh
```

4 AWSの公式ガイド[注1]にあるresize.shの中身を貼り付けます(resize.shの内容は204ページのURL「環境で使用されているAmazon EBSボリュームのサイズ変更」を参照)。

図8.6 AWS公式ガイドのresize.shの内容に置き換える

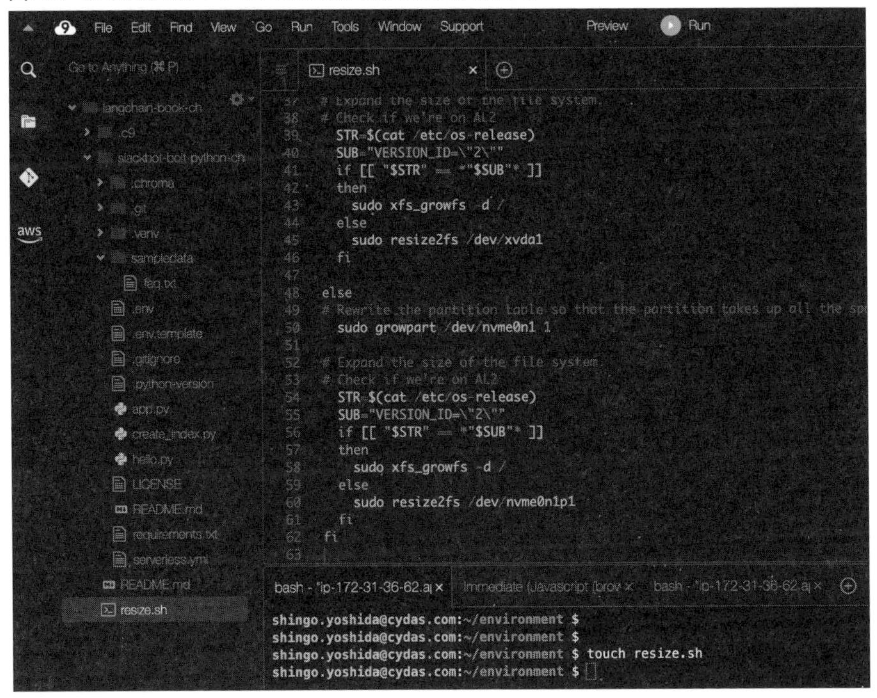

5 リサイズ後のサイズを指定してresize.shを実行します。ここでは例として100GiBを指定します。

```
$ bash resize.sh 100
{
    "VolumeModification": {
        "TargetSize": 100,
        "OriginalMultiAttachEnabled": false,
        "TargetVolumeType": "gp2",
        "ModificationState": "modifying",
        "TargetMultiAttachEnabled": false,
        "VolumeId": "vol-06a7c167e0d638c1b",
        "TargetIops": 300,
        "StartTime": "2023-07-30T10:16:53.000Z",
        "Progress": 0,
        "OriginalVolumeType": "gp2",
        "OriginalIops": 100,
        "OriginalSize": 10
```

注1 「AWS Cloud9ユーザーガイド」https://docs.aws.amazon.com/ja_jp/cloud9/latest/user-guide

```
    }
}
CHANGED: partition=1 start=4096 old: size=20967391 end=20971487 new: size=209711071
end=209715167
meta-data=/dev/nvme0n1p1         isize=512    agcount=6, agsize=524159 blks
         =                       sectsz=512   attr=2, projid32bit=1
         =                       crc=1        finobt=1, sparse=0, rmapbt=0
         =                       reflink=0    bigtime=0 inobtcount=0
data     =                       bsize=4096   blocks=2620923, imaxpct=25
         =                       sunit=0      swidth=0 blks
naming   =version 2              bsize=4096   ascii-ci=0, ftype=1
log      =internal log           bsize=4096   blocks=2560, version=2
         =                       sectsz=512   sunit=0 blks, lazy-count=1
realtime =none                   extsz=4096   blocks=0, rtextents=0
data blocks changed from 2620923 to 26213883
```

6 100GiBに増えていることをEC2コンソールから確認します。

図8.7 ボリュームサイズが100GiBになっていることを確認

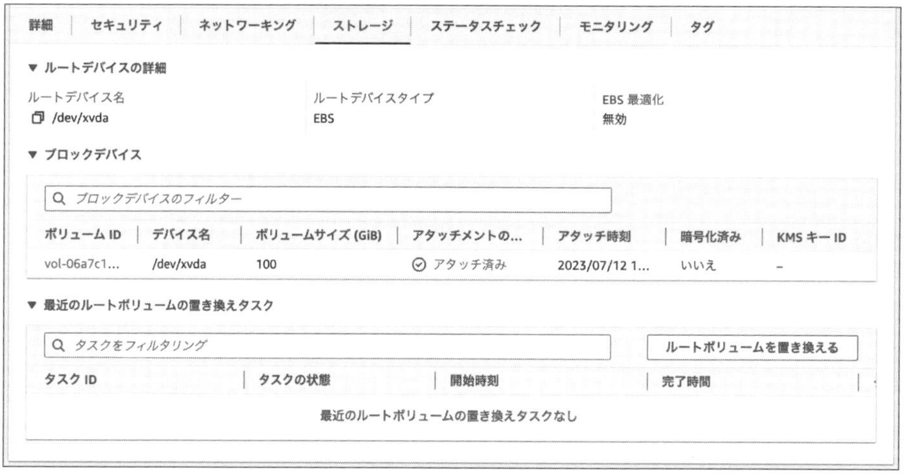

詳細 | セキュリティ | ネットワーキング | ストレージ | ステータスチェック | モニタリング | タグ

▼ ルートデバイスの詳細

ルートデバイス名	ルートデバイスタイプ	EBS 最適化
/dev/xvda	EBS	無効

▼ ブロックデバイス

ブロックデバイスのフィルター

ボリューム ID	デバイス名	ボリュームサイズ (GiB)	アタッチメントの...	アタッチ時刻	暗号化済み	KMS キー ID
vol-06a7c1...	/dev/xvda	100	アタッチ済み	2023/07/12 1...	いいえ	–

▼ 最近のルートボリュームの置き換えタスク

タスクをフィルタリング　ルートボリュームを置き換える

タスク ID	タスクの状態	開始時刻	完了時間

最近のルートボリュームの置き換えタスクなし

参照：環境の移動と Amazon EBS ボリュームのサイズ変更または暗号化 > 環境で使用されている Amazon EBS ボリュームのサイズ変更

https://docs.aws.amazon.com/ja_jp/cloud9/latest/user-guide/move-environment.html#move-environment-resize

また、Cloud9のホストマシンとして利用しているEC2インスタンス（本書では`t2.micro`を指定）をもっとCPUやメモリの搭載されているマシンに変更したい場合は、次を参考にしてEC2インスタンスを変更してください。

参照：環境の移動と Amazon EBS ボリュームのサイズ変更または暗号化 > 環境の移動

https://docs.aws.amazon.com/ja_jp/cloud9/latest/user-guide/move-environment.html#move-environment-move

8.5 サンプルデータの準備

本書では、Q&Aに使うサンプルの文書として、日本ディープラーニング協会が公開している『生成AIの利用ガイドライン』を使うことにします。このガイドラインは、ChatGPTなどの生成AIの導入を考えている組織が必要に応じて追記・修正して自社のガイドラインとして使うことができます。『生成AIの利用ガイドライン』は、日本ディープラーニング協会のWebサイトの次のページからダウンロードできます。

参照：JDLAが、『生成AIの利用ガイドライン』を公開

https://www.jdla.org/news/20230501001/

本書ではPDFファイルを扱う例を実装することにします。そこで、ダウンロードした『生成AIの利用ガイドライン』を適当なツールでPDFに変換して、Cloud9にアップロードします。Cloud9の上部のメニューから「File」の「Upload Local Files」を選択することで、ローカルのファイルをアップロードすることができます。

図8.8　Cloud9にファイルをアップロード

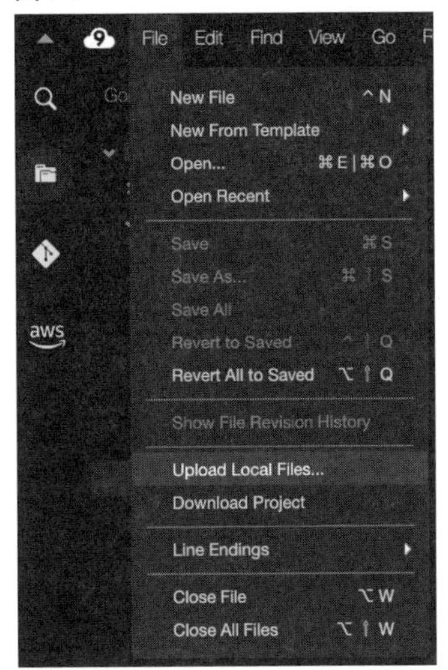

8.6 Pineconeのセットアップ

サンプルデータから取得した埋め込み情報のベクターデータを格納するベクターデータベースとして、Pineconeのサービスにサインアップします。

Pineconeとは

Pineconeは2019年に創業された、ベクターデータベースをSaaSとして提供するスタートアップ企業です。データベースエンジンやインスタンスのメンテナンスをいっさいする必要がないマネージドサービスとして提供され、高次元ベクトルのデータを効率よく格納しながら、迅速で安定した性能で利用できるベクターデータベースのサービスです。本書の範囲においてはStarterプラン（無料）の範囲で使用することができます。

図8.9 PineconeのTOPページ

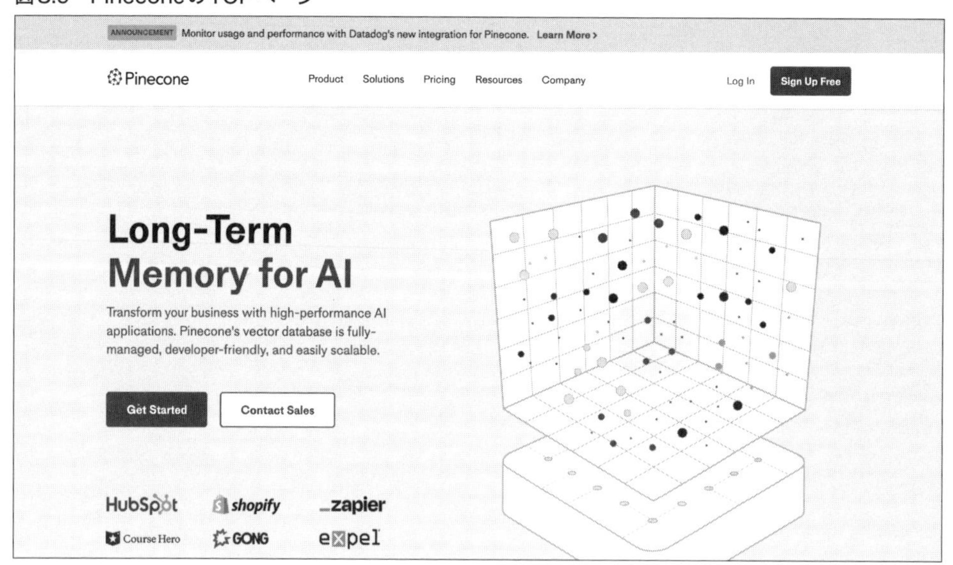

Pinecone以外のベクターデータベース

LangChainではPinecone以外のベクターデータベースも同様に利用可能です。LangChainがサポートしているベクターデータベースは次のページに記載されています。Pinecone以外にも使い慣れた製品があればぜひ試してみてください。

参照：Vector stores
https://python.langchain.com/docs/integrations/vectorstores/

Pineconeのサインアップ

1. PineconeのWebサイト（https://www.pinecone.io/）にアクセスします。
2. TOPページの画面右上からサインアップします。
   ※サインアップ後、「Project Initializing」と表示される場合はしばらく待ってください。

図8.10 Pineconeのサインアップ後の画面

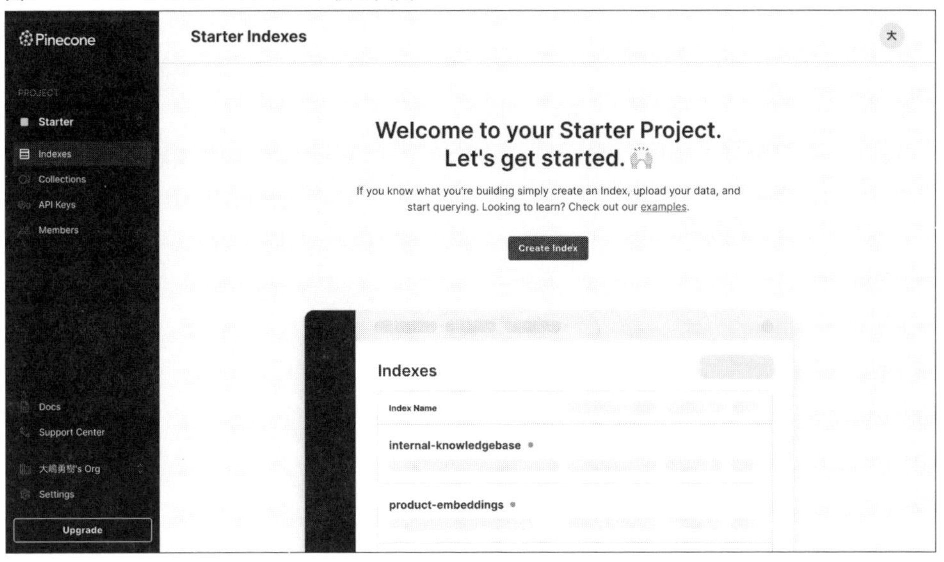

3 サインアップしたら「Index」を作成します。PineconeのIndexというのは、ベクトルデータをまとめて扱う単位のことです。「Create Index」をクリックして、Indexを作成します。名前は「langchain-book」などとして、Dimensionsの箇所には本書で使うOpenAIのEmbeddings APIの次元数である「1536」を入力しましょう。

図8.11 PineconeのIndex作成画面

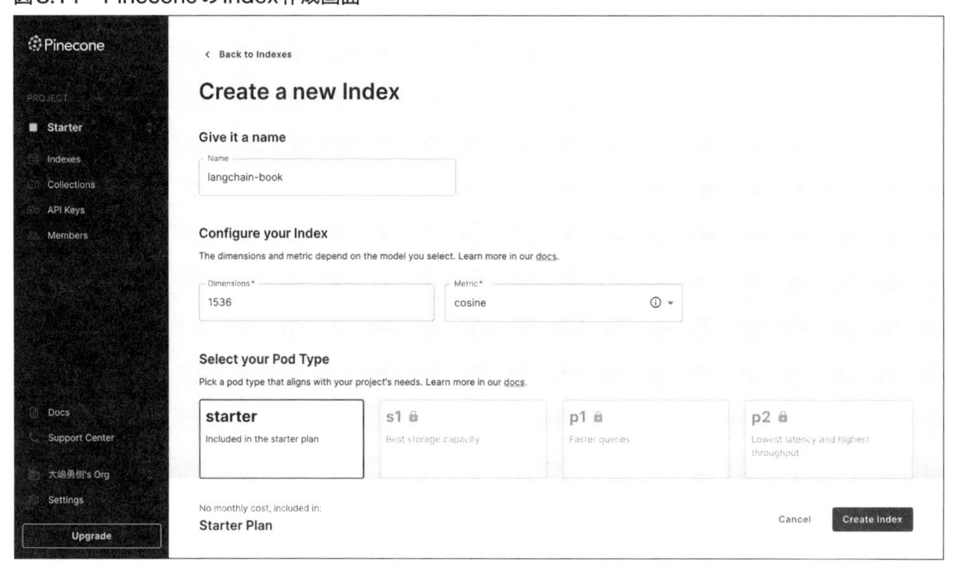

4 「Create Index」をクリックするとIndexが作成されて、Indexの詳細画面に遷移します。

図8.12 PineconeのIndex詳細画面

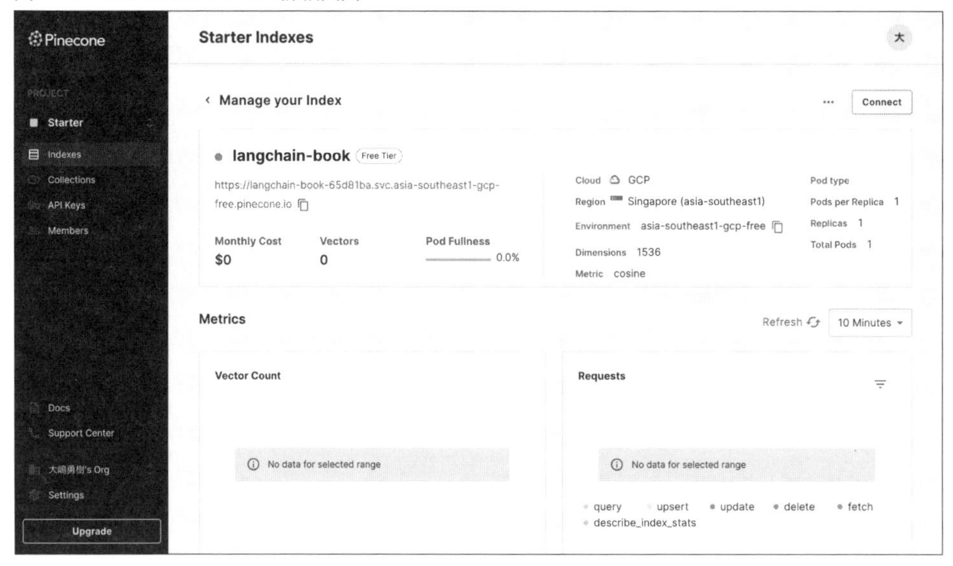

5 左側のメニューの「API Keys」をクリックすると、APIキーの一覧画面に遷移します。

図8.13 PineconeのAPIキーの一覧画面

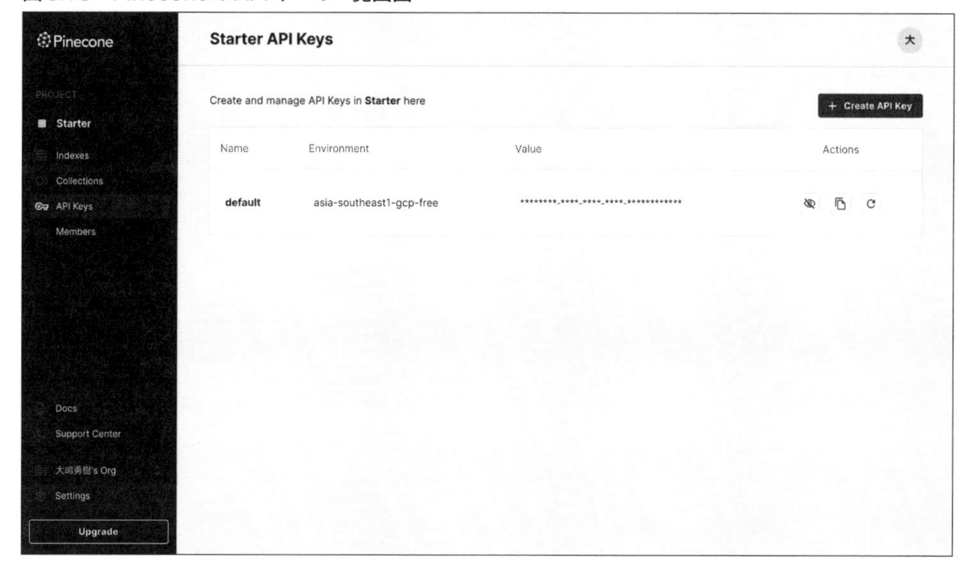

6 PythonプログラムからPineconeにアクセスするにはAPIキーが必要です。デフォルトのAPIキーか、新しく作成したAPIキーの値を控えておきましょう。

8

8.7 ベクターデータベース（Pinecone）にベクターデータを保存する

Pineconeの準備が整ったので、用意したデータをベクトル化してPineconeに保存していきます。

1. まず、Cloud9のターミナルでPineconeのクライアントライブラリpinecone-clientと、OpenAIEmbeddingsが必要とするtiktokenをインストールします。

```
$ pip install pinecone-client==2.2.4 tiktoken==0.5.1
```

2. インストール済みのパッケージ一覧をrequirements.txtに追記します。

```
$ pip freeze > requirements.txt
```

3. 本書のハンズオンではLangChainでPDFをテキストとして読み込みます。その際に必要なパッケージをいくつかインストールします。

```
$ pip install unstructured==0.10.15 pdf2image==1.16.3 pdfminer.six==20221105
```

注意

requirements.txt作成時の注意

PDFの読み込みのためにインストールしたパッケージは、Lambda関数上では使わないため、pip freezeでrequirements.txtに追加する必要はありません。筆者が確認したところ、もしもrequrements.txtに追加すると、Lambda関数のデプロイパッケージの最大サイズ（250MB）を超えてしまい、デプロイ時にエラーとなりました。

しかし実際の開発では、デプロイ先では不要で開発環境だけで使うパッケージも、requirements.txtのようなファイルに一覧化しておきたいことは多いです。このように環境によってインストールするパッケージが異なる場合の対応方法は、後ほどコラムで紹介します。

4 Pythonプログラムから Pineconeに接続するため、環境変数として.envファイルにPineconeのAPIキーとIndexの名前、環境名を追記します。

```
PINECONE_API_KEY=xxxxxxxx
PINECONE_INDEX=xxxxxxxx
PINECONE_ENV=gcp-starter
```

5 ここから、PDFファイルのテキストから埋め込み表現（Embeddings）を取得してPineconeに保存するPythonプログラムを実装していきます。まずはadd_document.pyというファイルを新規作成します。

6 add_document.pyに次のようにコードを書いていきます。まずはimportを記述します。さらに、load_dotenvで環境変数を設定し、ロガーを初期化します。

```
import logging
import os
import sys

import pinecone
from dotenv import load_dotenv
from langchain.document_loaders import UnstructuredPDFLoader
from langchain.embeddings.openai import OpenAIEmbeddings
from langchain.text_splitter import CharacterTextSplitter
from langchain.vectorstores import Pinecone

load_dotenv()

logging.basicConfig(
    format="%(asctime)s [%(levelname)s] %(message)s", level=logging.INFO
)
logger = logging.getLogger(__name__)
```

7 PineconeをLangChainのVector storeとして使う準備を整える関数を実装します。

```
def initialize_vectorstore():
    pinecone.init(
        api_key=os.environ["PINECONE_API_KEY"],
        environment=os.environ["PINECONE_ENV"],
    )

    index_name = os.environ["PINECONE_INDEX"]
    embeddings = OpenAIEmbeddings()
    return Pinecone.from_existing_index(index_name, embeddings)
```

8

8　次にメインの処理を実装します。引数で与えられたファイルをUnstructuredPDFLoaderで読み込み、CharacterTextSplitterで分割して、Pineconeに保存します。

```
if __name__ == "__main__":
    file_path = sys.argv[1]
    loader = UnstructuredPDFLoader(file_path)
    raw_docs = loader.load()
    logger.info("Loaded %d documents", len(raw_docs))

    text_splitter = CharacterTextSplitter(chunk_size=300, chunk_overlap=30)
    docs = text_splitter.split_documents(raw_docs)
    logger.info("Split %d documents", len(docs))

    vectorstore = initialize_vectorstore()
    vectorstore.add_documents(docs)
```

9　add_document.pyを実行して、PDFファイルのテキストを分割したうえでベクトル化して、Pineconeに保存します。

```
$ python add_document.py ai-guideline.pdf
```

10　Pineconeを確認すると、16個のベクトルデータが保存されていることがわかります[注2]。

図8.14　Pineconeにベクトルデータが保存された様子

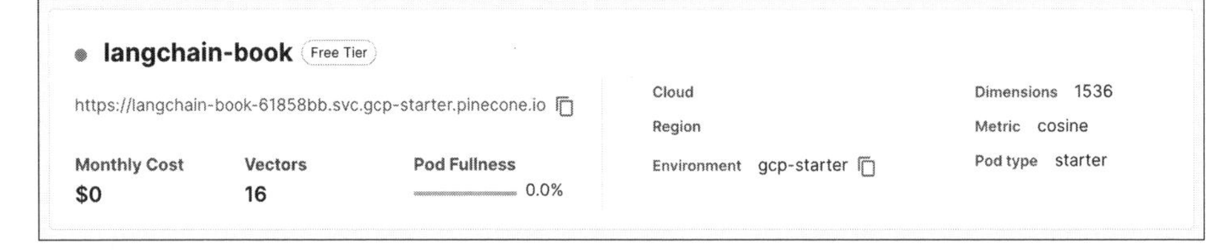

Pineconeへのテキストの重複登録

本書のadd_document.pyの実装では、同じPDFファイルを複数回処理の対象にすると、同じ内容のテキストがPineconeに複数個保存されてしまいます。同じテキストがPineconeに重複して保存されないようにするには、チャンク化したテキストのIDを管理するよう実装を変更する必要があります。

また、add_document.pyの実装を修正した際など、PineconeのIndexに保存したベクトルをすべて削除したい場合があります。その際は、次のPythonスクリプトを実行することで、Index全

注2　保存されるベクトルデータの数はチャンクサイズなどによって変わります。

体を作り直すのが簡単です（PineconeにはIndexに含まれるすべてのベクトルを削除する機能がありますが、執筆時点で無料プランでは使えません）。

```
import os

import pinecone
from dotenv import load_dotenv

load_dotenv()

pinecone.init(
    api_key=os.environ["PINECONE_API_KEY"],
    environment=os.environ["PINECONE_ENV"],
)

index_name = os.environ["PINECONE_INDEX"]

if index_name in pinecone.list_indexes():
    pinecone.delete_index(index_name)

pinecone.create_index(name=index_name, metric="cosine", dimension=1536)
```


COLUMN

Pythonのパッケージ管理ツールについて

本書ではPythonのパッケージ管理ツールとしてpipを使用しています。pipを使用している理由は、パッケージ管理ツールの解説を最小限にしたいことと、本書の開発環境（Cloud9）であればpipでも問題が発生しにくいことです。

しかし、実際にPythonでアプリケーションを開発するときは、pipを直接使わないのが望ましいことも多いです。その代わりに、PoetryやPipenv（またはExperimentalなツールであることに注意したうえでRye）を使うことをおすすめします。

pipを直接使うことには、次のように多くのデメリットがあります。

- pip installの前に仮想環境を有効化し忘れると、仮想環境の外部にパッケージがインストールされてしまう
- pip freeze > requrements.txtコマンドでインストールしたパッケージの一覧を明示的に保存しないと、何をインストールしたのか、あとからわからなくなってしまう
- pip freeze > requrements.txtで一覧化したパッケージから、不要になったパッケージとその依存関係を簡単に削除できない
- 特定の環境だけで必要なパッケージを、他の環境でも必要なパッケージと分けて管理するのが難しい

　このようなpipのデメリットは、PoetryやPipenv（またはRye）といったパッケージ管理ツールを使うことで解決できます。
　この節の実装では、Cloud9上だけで使い、Lambda関数には含めないパッケージをいくつかインストールしました。PoetryやPipenv（またはRye）であれば、このような状況で環境ごとに必要なパッケージを分けて管理することもできます。

8.8 Pineconeを検索して回答する

　app.pyを編集して、質問に関連した文書をSlackアプリがPineconeから検索して応答するようにしていきます。
　現状のSlackアプリは、Momentoを使って会話履歴を踏まえて応答してくれます。しかし、Pineconeを検索して回答する処理を実装する際、いきなり会話履歴を踏まえて応答する機能まで実装するのは少し大変です。そこで、会話履歴を踏まえて応答する機能は一度削除して、まずはPineconeを検索して回答する処理だけを実装してみます。

1. LangChainのRetrievalQA（Chain）と、add_document.pyに実装したinitialize_vectorstoreをimportします。

```
from add_document import initialize_vectorstore
from langchain.chains import RetrievalQA
```

2. handle_mention関数を変更して、RetrievalQA（Chain）を使うようにします。

```
def handle_mention(event, say):
    channel = event["channel"]
    thread_ts = event["ts"]
    message = re.sub("<@.*>", "", event["text"])

    # 投稿の先頭(=Momentoキー)を示す:初回はevent["ts"],2回目以降はevent["thread_ts"]
    id_ts = event["ts"]
    if "thread_ts" in event:
        id_ts = event["thread_ts"]
```

```
    result = say("\n\nTyping...", thread_ts=thread_ts)
    ts = result["ts"]

    vectorstore = initialize_vectorstore()

    callback = SlackStreamingCallbackHandler(channel=channel, ts=ts)
    llm = ChatOpenAI(
        model_name=os.environ["OPENAI_API_MODEL"],
        temperature=os.environ["OPENAI_API_TEMPERATURE"],
        streaming=True,
        callbacks=[callback],
    )

    qa_chain = RetrievalQA.from_llm(llm=llm, retriever=vectorstore.as_retriever())

    qa_chain.run(message)
```

3 ローカル環境を起動し、ソケットモードでSlackアプリと接続します。

```
$ python app.py
⚡ Bolt app is running!
```

4 Slackアプリに「生成AIに著作物の内容を入力すること自体は問題ありませんか？」と質問してみると、次のように回答してくれました。

```
生成AIに著作物の内容を入力すること自体は著作権侵害には該当しません。ただし、生成物を利用する際には注意が必要です。生成AIからの生成物が既存の著作物と同一・類似している場合、その生成物を利用（複製や配信等）する行為が著作権侵害に該当する可能性があります。そのため、特定の作者や作家の作品のみを学習させた特化型AIを利用しないようにしたり、プロンプトに既存著作物や作家名、作品の名称を入力しないようにしたりするなどの留意事項を遵守する必要があります。
```

この回答はPineconeから取得した『生成AIの利用ガイドライン』のテキストをしっかり踏まえることができています。

実際にRAGを実装する場合の注意

上記の例では与えた文書の内容のとおり回答してくれましたが、LLMの応答はどうしても、文書の内容通りだと保証することはできません。そこでたとえば、回答と一緒に情報源を提示するような工夫が役立つ可能性があります。ただし、そもそも、情報源をそのまま表示すれば問題ないようなユースケースでは、LLMを使わないほうが望ましい可能性もあります。

また、とくにPDFのデータを使う場合、RAGで適切な回答を得るのが難しいことも少なくありません。PDFは、テキスト化したときに表などの情報構造が崩れてしまうことが多いです。つまり、人間の視覚的には構造的に捉えられるデータが、適切にテキスト化されない可能性があります。

PDFで複雑な形式のデータを与える場合は、適切にテキスト化されているか確認することや、テキストとして取り扱いやすい形式にあらかじめ整理する工夫が必要です。

8.9 会話履歴も踏まえて質問できるようにする

さて、ここまでの実装では、いったん会話履歴を踏まえて応答する機能を削除してあります。ここからあらためて、会話履歴も踏まえて質問に応答できるようにしていきます。

まず、現在使用しているLangChainのRetrievalQA (Chain) では、デフォルトで次のプロンプトが使われます。

```
Use the following pieces of context to answer the question at the end. If you don't
know the answer, just say that you don't know, don't try to make up an answer.

{context}

Question: {question}
Helpful Answer:
```

※LangChainのソースコードから引用

このプロンプトに単純に会話履歴も含めるようにすれば、会話履歴を踏まえて応答するようになると思うかもしれません。しかし、その方法ではうまく動作しないケースがあります。

単純に会話履歴を入れてもうまく動かないケース

RetrievalQA (Chain) に単純に会話履歴を使う実装を追加したとします。そして、まず「生成AIに著作物の内容を入力すること自体は問題ありませんか？一言で回答してください。」と質問します。すると、次のように一言で回答してくれます。

```
著作物の内容を生成AIに入力することは問題ありません。
```

その質問に続けて、「もう少し詳しく教えてください。」と追加で詳細を質問することを考えます。このとき、アプリケーションはどのように動作するのが適切でしょうか？

RetrievalQA (Chain) に単純に会話履歴を使う機能を追加しただけでは、動作は図8.15のようになります。

図8.15　RetrievalQA（Chain）に単に会話履歴を追加した場合の動作

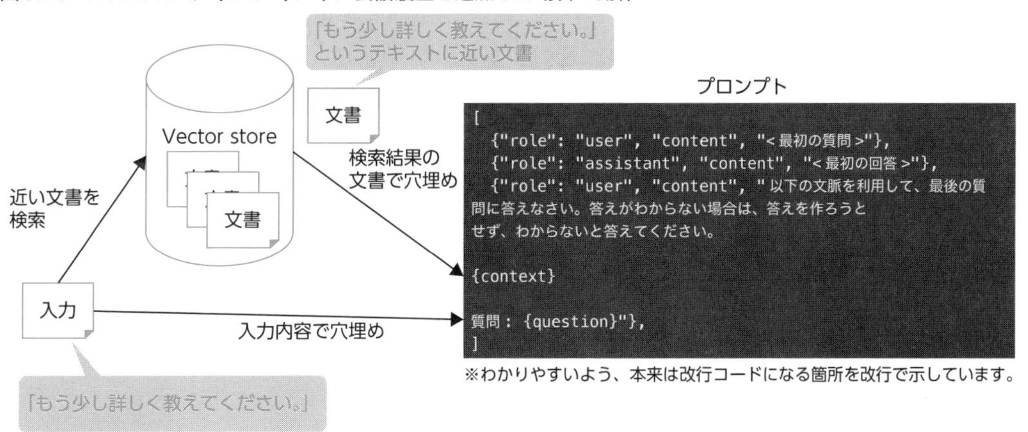

まず、「もう少し詳しく教えてください。」という入力に近い文書が検索されます。その内容をプロンプトに埋め込んで、会話履歴とともにChat Completions APIにリクエストを送ることになります。

プロンプトにcontextとして含まれるのは「もう少し詳しく教えてください。」というテキストに近い文書です。その文書は、質問したい内容とはまったく関係ない可能性が高いです。単純に会話履歴を追加するだけでは、このような質問には適切に回答することができない、ということです。

ちなみに、このような実装であってもLLMがそれらしい応答を返してくるように見える場合があります。それは、contextに含まれる文書をもとに回答しているのではなく、会話履歴やLLMがそもそも持っている知識をもとにそれらしい文章を生成しているだけです。

会話履歴を踏まえて質問をあらためて作成する

前述の問題を解決する方法として、「LLMに会話履歴を踏まえた質問をあらためて生成させる」という方法があります。処理の流れは次の図のようになります。

図8.16　会話履歴を踏まえて質問をあらためて作成する

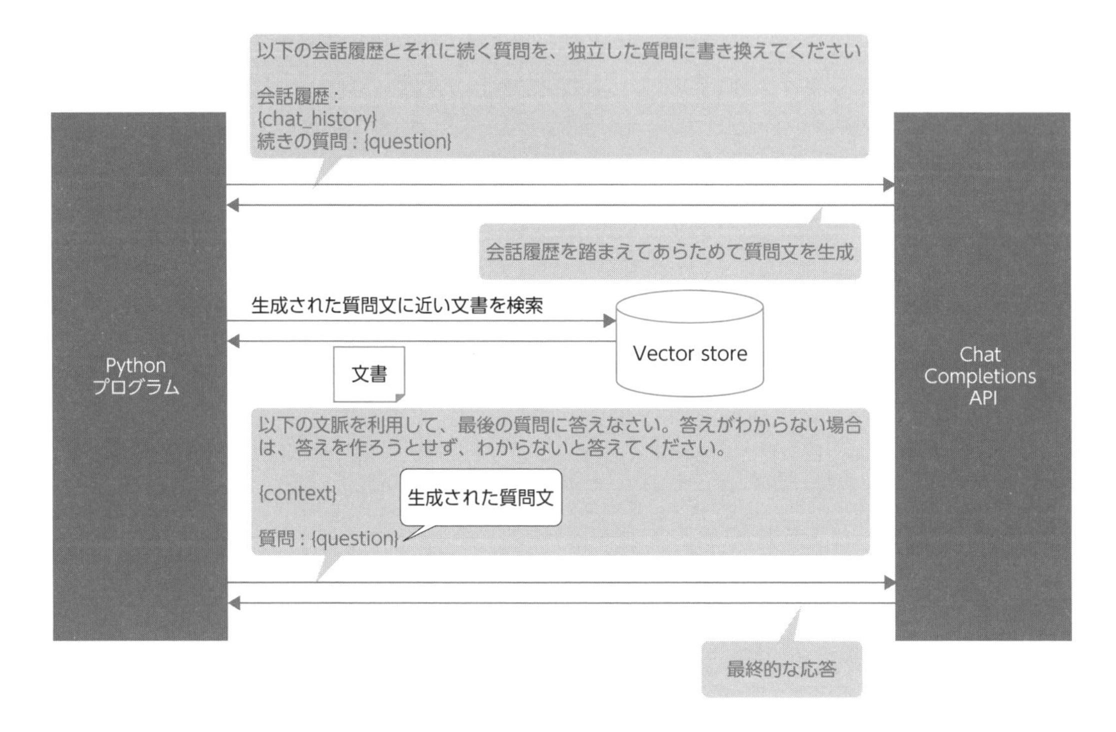

まず、会話履歴とそれに続く質問内容をもとに、LLMに質問文を生成させます。たとえば、

- ユーザー：生成AIに著作物の内容を入力すること自体は問題ありませんか？一言で回答してください。
- LLM：著作物の内容を生成AIに入力することは問題ありません。
- ユーザー：もう少し詳しく教えてください。

という内容をもとに、「著作物の内容を生成AIに入力することに問題はありますか？」といった質問文が生成されます。

この質問文をもとに、Vector storeを検索して、近い文書を取得します。その内容をcontextに含めて、最終的な応答をLLMに生成させます。このような流れにすれば、「もう少し詳しく教えてください。」といった入力にも適切に応答しやすくなります。

LangChainではConversationalRetrievalChainというChainが提供されており、この処理を簡単に実装することができます。

8.10 ConversationalRetrievalChainを使う

ConversationalRetrievalChainを使うようにapp.pyを変更していきます。

1 まずはいくつかのパッケージをimportします。

```
from langchain.chains import ConversationalRetrievalChain
from langchain.memory import ConversationBufferMemory
```

2 handle_mention関数をConversationalRetrievalChainを使うように変更します。

リスト8.3 app.py

```
def handle_mention(event, say):
    channel = event["channel"]
    thread_ts = event["ts"]
    message = re.sub("<@.*>", "", event["text"])

    # 投稿の先頭(=Momentoキー)を示す:初回はevent["ts"],2回目以降はevent["thread_ts"]
    id_ts = event["ts"]
    if "thread_ts" in event:
        id_ts = event["thread_ts"]

    result = say("\n\nTyping...", thread_ts=thread_ts)
    ts = result["ts"]

    history = MomentoChatMessageHistory.from_client_params(
        id_ts,
        os.environ["MOMENTO_CACHE"],
        timedelta(hours=int(os.environ["MOMENTO_TTL"])),
    )
    memory = ConversationBufferMemory(
        chat_memory=history, memory_key="chat_history", return_messages=True
```

```
    )

    vectorstore = initialize_vectorstore()

    callback = SlackStreamingCallbackHandler(channel=channel, ts=ts, id_ts=id_ts)
    llm = ChatOpenAI(
        model_name=os.environ["OPENAI_API_MODEL"],
        temperature=os.environ["OPENAI_API_TEMPERATURE"],
        streaming=True,
        callbacks=[callback],
    )
    condense_question_llm = ChatOpenAI(
        model_name=os.environ["OPENAI_API_MODEL"],
        temperature=os.environ["OPENAI_API_TEMPERATURE"],
    )

    qa_chain = ConversationalRetrievalChain.from_llm(
        llm=llm,
        retriever=vectorstore.as_retriever(),
        memory=memory,
        condense_question_llm=condense_question_llm,
    )

    qa_chain.run(message)
```

condense_question_llmとは？

質問を生成するときのLLMの応答はSlackにストリーミングせず、最終的な回答を生成するLLMの応答はSlackにストリーミングするため、ConversationalRetrievalChainにはllmとcondense_question_llmという2つのLanguage modelsを与えて初期化しています。

3　まず、「生成AIに著作物の内容を入力すること自体は問題ありませんか？一言で回答してください。」と質問してみます。すると、一言で回答してくれました。

```
著作物の内容を生成AIに入力することは問題ありません。
```

4　続けて、「もう少し詳しく教えてください。」と質問してみます。すると、もう少し詳しい回答をしてくれました。

> 著作物の内容を生成AIに入力することには、著作権侵害の可能性があります。生成AIが既存の著作物と同一または類似した生成物を作成する場合、その生成物を利用することは著作権侵害になる可能性があります。そのため、とくに他人の著作物を入力する場合には注意が必要です。

ConversationalRetrievalChainを使うことで、会話履歴を踏まえたQ&Aの処理を簡単に実装することができました。もとのRetrievalQA (Chain) の実装に単純に会話履歴を加えた場合に発生する問題には、実はなかなか気が付きにくいです。ConversationalRetrievalChainのような工夫が必要だということは、LangChainを学んで得られる知見の1つです。

補足になりますが、ConversationalRetrievalChainを使って質問文を生成する際、ねらい通りの質問文が生成されないケースもあります。たとえば筆者がgpt-3.5-turboで試した範囲では、「先ほどの質問に100文字以内で回答し直してください。」と入力したときに、100文字以内という条件が反映されず、以前の質問内容そのままの質問文が生成されました。その結果、100文字以内の回答を生成してもらえませんでした。このように、内部で生成される質問文が必ずしも適切とは限らない点には注意が必要です。

ここまでで完成したコードは、`serverless deploy`コマンドでLambda関数としてデプロイして、Slackの設定からSocket ModeをOFFにすれば、もちろんLambdaで動かすこともできます。ぜひ試してみてください。

まとめ

この章では第7章で実装したSlackアプリに、Pineconeに保存しておいた文書の内容を踏まえて回答する機能を実装しました。会話履歴を踏まえたQ&Aを実現するには、ConversationalRetrievalChainのような工夫が必要であることも紹介しました。

この章で実装した方法以外にも、第5章で紹介したように検索結果の文書をmap_reduce・map_rerank・refineで処理するといった工夫が効果的な場合もあります。また、LangChainには、「HyDE (Hypothetical Document Embeddings)」という手法を実装したHypotheticalDocumentEmbedderというChainもあります。HyDEは、質問文に関連するドキュメントの検索ではなく、質問文からLLMが答えを想定し、その答えに関連性の高いドキュメントを検索して答える手法です。HyDEを利用すると、質問者が回答に必要な文書に近い質問ができなくても、LLMが想定できる一般的な回答を生成したうえで、関連性の高いドキュメントを取得し、適切に回答できる可能性があります。

この章で実装したような、ドキュメントへのQ&A機能にさらに特化したフレームワークとして「LlamaIndex」があります。LlamaIndexのように、LangChain以上にその分野に特化したツールを学ぶことも、よりよいアプリケーション作りに役立つでしょう。

本書では独自の知識をホストするためのベクターデータベースとして、Pineconeを利用しました。そのほかにも、Azure Cognitive Search や Amazon Kendra といったエンタープライズ検索ソリューションが利用可能です。それぞれに特徴があり、複数のインデックス方法や検索方法が利用できたり、大量のデータを手間少なくインデックスするための機能が搭載されています。サービスの運用まで考慮すると、これらを利用することで、さらに高性能な検索が可能になる場合もあります。ぜひたくさんふれてみてください。

第9章

LLMアプリの本番リリースに向けて

今後さらに多くの企業がLLMアプリケーションを開発するようになります。デモレベルのアプリ開発は順調に進められると思いますが、ユーザーが日々利用する安全で使いやすいアプリにするためには、たくさんの改善が必要です。ベータ版としてリリースして、ユーザーフィードバックを受けて改良していく方法もよくとられますが、その場合でもセキュリティ脆弱性によってシステム全体の安全性に問題が起きないように、また、ベータ版のユーザー体験の悪さによって本格リリース時にまったく期待されなくなってしまうことがないように、セキュリティ、コンプライアンスへの準拠やユーザー体験を作り込まなければいけません。こういった点について、著者の経験から、役に立つかもしれないノウハウを説明したいと思います。なかにはLLMの性質に関するトピックから、サーバーレス（クラウド）でシステム構築する際のトピックも含まれています。また、LLMアプリの実装内容の違いによっては本章で解説していないこともあると思いますので、1つのヒントとして理解してください。

9.1 企業で生成AIを活用していくために

企業内での生成AIの活用や、生成AIを用いた新サービスの開発が今後増えていきますが、システムやデータの安全性や信頼性を確保することは、従来の情報システム管理の考え方と同様に重要です。

システムが脅威にさらされたり、顧客データの漏洩事故を起こさないために、単にテストプロセスを実施したり、運用監視を行うだけではなく、システムの設計段階から適切なリスクマネジメントを実施し、活動方針や具体的なプランを決定し、情報システムのマネジメントプロセスに組み込んでいく必要があります。

そのうえで、生成AIの特徴を考慮してそれらの利用を組織で進めるために、最低限定めておいたほうがよいと思われる事項を日本ディープラーニング協会（JDLA）がひな形として策定し、公開している『生成AIの利用ガイドライン』をもとにして、企業活動において生成AIの活用を進める際のポイントについてまずふれていきます。

最新動向について

本章で触れるガイドラインや各種法律の情報については、2023年8月現在の状況であり、その後更新されている可能性があります。また、ここでは網羅的な解説をしていません。生成AIに関する法的な対応・コンプライアンス準拠で求められる内容の詳細は、必ずご自身で最新の情報にあたるようにしてください。

JDLA発行『生成AIの利用ガイドライン』をもとにした自社ガイドラインの作成

企業で生成AIを利用するにあたっては、まず第一に、社内向けの生成AIの利用ガイドラインを作成しておくことを強くおすすめします。これを作成しておくことにより、禁止事項を明確に定義して周知しておけるだけでなく、生成AIを上手に利用するために気を付けておくべきことや、組織としての生成AIを取り扱うときの原則、また、社内での手続きやリスク対策の方針を示すことで、効率よく活用を推進できるためです。

JDLAは、ChatGPTが爆発的に普及するなかで発生するさまざまな懸念点によって生成AIの普及が阻害されないよう、生成AIの活用を考える組織がスムーズに導入を行えるようにする目的でひな形を公開しています。これにより、効率よく論点をまとめて自社のガイドラインを策定することが可能です。2023年8月現在公開されているひな形では、対象とする生成AIを「ChatGPT」のみに想定して策定されているため、たとえば音声、画像、動画に特化した生成AIが一般化してくると、さらに考慮すべき課題が出てくることも想定されます。生成AIの進化や普及に合わせて、自社のガイドラインも一度策定して終わりではなく、継続的なアップデートを行っていく前提で作成・啓蒙していきましょう。

多くの組織において現段階では、まずChatGPTを用いた文字のインプットから、アウトプットの文字を取得する活用パターンが主になると思うので、その場合はまずこのひな形を参考にして自社向けに作成することが有効です。

ひな形では、「データ入力に際して注意すべき事項」と「生成物を利用するに際して注意すべき事項」の大きく2つのパートに分けて考慮事項が掲載されています。

前半、入力に関するパートでは、著作権・商標権などの他人の権利、個人情報、営業の秘密、自社の機密情報の4種類について、モデルの特徴と法律の現在の解釈から、ガイドライン例が示されています。

注目すべきは、「他人の著作物や登録商標・意匠、著名人の写真といったものの生成AIへの入力自体は著作権侵害・商標権侵害・意匠権侵害・パブリシティ権の侵害に該当しないと考えられる」点です。ただし、生成AIが生成したコンテンツを商用利用する場合などはこれらの権利侵害に抵触していないか注意が必要とされています。

後半、出力に関するパートでは、コンテンツの正確性、他人の権利侵害、出力コンテンツの権利関係、出力コンテンツの利用に関するモデル（サービス）のポリシー制限についてガイドライン例が示されています。

第1章でもふれましたが、生成AIからの生成物の内容には虚偽が含まれている可能性があります。生成AIによってコンテンツ生成される場面には社内システム／社外サービス問わず、「生成AIによって生成される情報は不正確または不適切な場合がありますが、当社の見解を述べるものではありません」といった注意書きを必ず表示することをガイドラインで規定しておくとよいかもしれません。

「回答の正確性」に関する制約表示

生成AIで生成されたコンテンツをユーザーに提供する場合は、「生成AIによって生成される情報は不正確または不適切な場合がありますが、当社の見解を述べるものではありません」といった注意書きを表示することを検討しましょう。

個々人が毎回判断に迷い活用にブレーキがかかってしまう事態を避け、安全に生成AIの利用が推進されるためにも、必ず自社向けの「生成AIの利用ガイドライン」を定め、状況によりスコープや考慮事項の見直しを行う運用を定着させましょう。情報セキュリティマネジメント活動を継続的に行っている組織であれば、その活動の一環に、このガイドラインの定期的な見直しや、実際の現場での活用状況のモニタリングも加えることで実効性の高い運用が実現できます。

参考：一般社団法人 日本ディープラーニング協会「生成AIの利用ガイドライン」
https://www.jdla.org/document/

利用する外部サービスのサービス規約をしっかり読む

生成AIの利用ガイドラインは、ChatGPTを主な利用対象と想定して、OpenAI社の利用規約に多く触れています。ChatGPTに限らず、外部サービスを利用するうえでは、その外部サービスの利用規約の規定範囲を超えた利用をすることはできません。システムの一部に組み込んで運用するにあたり、利用ポリシー違反でサービス利用をペンディングされるような事態になると、構築したシステム全体が利用できなくなるため、必ず自分でひととおりの利用規約と周辺の規定文書を読み込み、それらに抵触する可能性のある行為や入力データが発生しないか確認をするようにしてください。

たとえばOpenAI社の利用規約には、使用禁止となる使い方が明記されています。ここでは軍事使用や児童ポルノ、マルウェアの作成目的などにChatGPTやAPIを使うことが禁止行為として規定されています。OpenAIのAPIをLLMアプリに組み込む場合、ユーザーからの入力により意図せずこの利用規定に抵触を繰り返し、サービスが停止されてしまうことがあるかもしれません。そういった課題に対応するためにOpenAIではコンテンツの適正さを判定するModeration APIというAPIが無料で提供されています。Chat Completions APIを呼ぶ前後にこのAPIでコンテンツをチェックするように組み込むことも考えてみてください。

利用規約以外にも、Enterprise privacyのページには、ChatGPTをEU圏で利用する場合にGDPR（EU一般データ保護規則）のデータ処理契約（DPA）が可能であることや、OpenAI社の対応しているコンプライアンス基準について記載されており、実利用していくなかで事前に知っておくとよいことが複数記載されています。

参考：Usage policies

https://openai.com/policies/usage-policies

参考：Enterprise privacy at OpenAI

https://openai.com/enterprise-privacy

9.3 サービスの企画・設計段階での課題

ガイドラインを整備することで、ChatGPTやOpenAI APIの活用が進めやすくなったかと思います。ここからは、本書で実践してきたLLMアプリ（RAGフローによる社内データ検索システム）を題材に、本番リリースするための考慮事項を解説していきます。すべてのアプリにあてはまる解説にはなっていないと思いますので、ご自身に必要な部分のヒントとして活用してください。ベータ版を作るまでは簡単なのですが、本番リリースに向かっては何十倍も大変になるので、少しでもその役に立てば嬉しいです。

プロジェクトリスクへの対応

しっかりとしたプロジェクト計画を承認して開始したか、社長直轄の号令で急遽始まったようなプロジェクトかに関わらず、多くのLLMアプリの開発は、プロジェクト進行上で十分なリソースが調達できている状態で開始できることはごく稀だと思います。さらにWebアプリケーションのプロジェクトに比べてAIプロジェクトはプロジェクトゴールの達成に向けての不確実性が大きい傾向にあると感じます。そのような状況におけるプロジェクトリスクは多数あると思いますが、ここでは主に4点について解説します。

- プロジェクトの不確実性に対するエグゼクティブスポンサーシップの確保

  AIプロジェクトでは予算の確保、人材の確保などの面で不測の事態に直面する可能性が高いです。実施したスパイク（検証）で期待どおりの結果が得られずに他の方法を模索する必要が発生した場合、組織のケイパビリティ(組織全体の戦略の実現能力)として想定より人材不足(デザイナー、プロダクトマネージャー、事業開発(ビジネスデベロップメント)、MLエンジニア、アプリケーション開発者)による悪影響が大きいことが判明した場合など、プロジェクト責任者の裁量だけではすばやく解決できない課題に直面した場合に、より裁量権のある人にQCD(品質/コスト/納期)の変更について承認してもらったり、それにより影響を受ける社内セクションと交渉やコミュニケーションがしやすくなる手助けなどのエグゼクティブスポンサーシップが受けられるようにしたりしておきましょう。普段からちょっと多すぎるかなと感じる程度の間隔でコミュニケーションをとり、オープンマインドで情報を共有・相談し、関係性を築き、また、撤退ラインの設定など十分なプロジェクトマネジメントをしながら、いざというときにプロジェクトを危機に晒さずに済むように活動しておきましょう。

- ローンチカスタマーの確保

  何かLLMアプリを本番リリースしたいというきっかけで始まった「プロダクトアウト」なプロジェクトの場合、本番リリースできたにも関わらず、ユーザーにまったく利用されないような事態が想定されます。LLMアプリのプロジェクトを通じて自社のケイパビリティを拡張できたり、AIに対応した組織体制の構築のきっかけになったりとメリットはあると思いますので否定はしませんが、それが免罪符になってはいけません。早ければ企画の段階かベータ版の提供を通じて、正式リリース時に十分ユーザーベースを確保しておけるようにしましょう。

- 人材の採用・育成

  本書で実践したように、OpenAI+LangChainのような既存のAPIやフレームワークを活用することで、デモレベルのLLMアプリは、アプリケーション開発者のサイドプロジェクトとしてすばやく構築できます。ただし、本番レベルのアプリケーションとして構築するうえでは、アプリの特性に合わせた評価手法の選定や評価手順の確立、運用ノウハウ、トラブルシューティング、チューニング、リスクアセスメントなど多数の面でケイパビリティ不足を感じることになるはずです。プロジェクト計画時にある程度、リリース後を見越した体制構築に必要なMLエンジニアなどの採用計画や体制構築の計画をしておくことをおすすめします。

- リスクアセスメント

  構築したLLMアプリの提供地域が日本国内だけなのか、海外の地域も含むのかによってもコンテンツの著作権や個人データのコンプライアンス基準が違います。リスクが顕在化した際の事業活動への影響度合いを調べ、あらかじめリスク評価をしておく必要がある場合があります。個人データ保護に関するトピックや、セキュリティ課題に関するトピックを後述しておきますので、自分のLLMアプリの特性を考慮して、専門家を交えて事前にリスクアセスメントを実施するようにしましょう。

9.4 テスト・評価について

通常のWebアプリケーション部分は今までの慣れたテスト手法を使って実施するとして、ここでは非機能面の評価として、精度評価、セキュリティについてふれたいと思います。

LLM部分の評価方法

アプリケーション開発の生産性にとって継続的インテグレーションとデプロイは鍵ですが、LLM部分の評価を組み込むことは、やや難易度が高いトピックだと思います。実際本書において第6章から第8章のアプリケーションのテストでは、われわれ著書陣でテストする質問と、それに対して期待される回答の組み合わせを作成し、意図した回答が生成されたかどうか、回答の正確性、含まれるべき単語、文字数、文章が与える印象について1件ずつ結果を目視判定を行い評価しました。長期的に本番でLLMアプリを運用していく場合、このように人間による評価をしているだけではスケールしない課題があります。

本書第8章で構築したRAGアプリの評価基準でいえば、一般的に基盤モデルの評価に利用されているベンチマークのような特定のバリエーションのプロンプトに対する回答のスコアを正確性の指標とするのではなく、テスト対象の知識のデータセットに対する網羅的な応答の正確性を評価する必要があり、その指標が若干違ってきます。

よって、基本的には構築するLLMアプリの特性に応じた評価基準（何をどう評価したいのか）を適切に設定したうえで、長期的にそれがテスト自動化で安定して効率的に評価できる開発フローを独自に構築していく必要が、現段階ではあるように思えます。

たとえばRAGワークフローなLLMアプリであれば、テスト対象のデータセット（知識部分）に対するテストパラメータとなる質問と、期待される答えを網羅的に作成し、RAGで生成された答えの埋め込み情報（embeddings）と期待される答えの埋め込み情報（embeddings）の類似度を正確性を評価する指標として、評価の自動化処理を構築することができそうです。

また、応答内容の正確性だけではなく、性能監視、安全性、透明性、公平性といった項目を評価指標として設定することで、最終的に安全なLLMアプリをユーザーに届けることができるようになります。

LangChainにはEvaluationというモジュール群でLLMを用いて回答のスコアリングを行う実装があり、今後より注目が集まることになると思います。また、GitHub上でもユースケースに合わせた評価フレームワーク（RAG用の評価フレームワークなど）がいくつか公開されたりしているため、実際にこの「LLMアプリの個別の特性に合わせた妥当なEvalの自動化」はより重要なトピックになっていくでしょう。

また、次のブログではLLM自体の評価方法から、フィードバックの収集方法や保守的なUXの必要性について記載があり示唆に富むので参考にしてみてください。

参考：Patterns for Building LLM-based Systems & Products
https://eugeneyan.com/writing/llm-patterns/

LangSmithによる性能監視

LangSmithは2023年7月18日にLangChainからクラウドサービスとしてリリースされた、LangChainの実行時のトレースをしてくれるサービスです。複数のタスクをチェーンしたときなどでも、中間でどんな入出力がどの程度のレスポンスタイムで実行されているかなどを可視化することができます。また、playground機能もあって、実行履歴をもとにパラメータなどを入れ替えてリプレイすることができます。gpt-3.5-turboで実行したものをgpt-4でリプレイするとどうなるか、temperatureを変えてリプレイすると結果がどう変わるのかなどを試せて便利です。

すでにLangSmithにログを送る機能自体はLangChainに含まれているため、エンドポイントやAPIキーなどのいくつかの情報を環境変数に追加するだけですぐにログがLangSmithのクラウドサーバーに送られるようになります。

第7章あるいは第8章で構築したアプリに環境変数を追加して、さっそく使ってみましょう。

1 環境変数の追加

次の環境変数を.envファイルに追加します。

```
LANGCHAIN_TRACING_V2=true
LANGCHAIN_ENDPOINT=https://api.smith.langchain.com
LANGCHAIN_API_KEY=<LangSmithの画面から払い出したAPIキー>
LANGCHAIN_PROJECT=default   #送信先のプロジェクト名、未設定だとdefault指定
```

2 再度デプロイします。

```
$ serverless deploy
```

3 アプリケーションを実行し、構築したSlackアプリになにか質問をしてみて、その実行結果が履歴に追加されていることを確認します。

図9.1　Project詳細画面

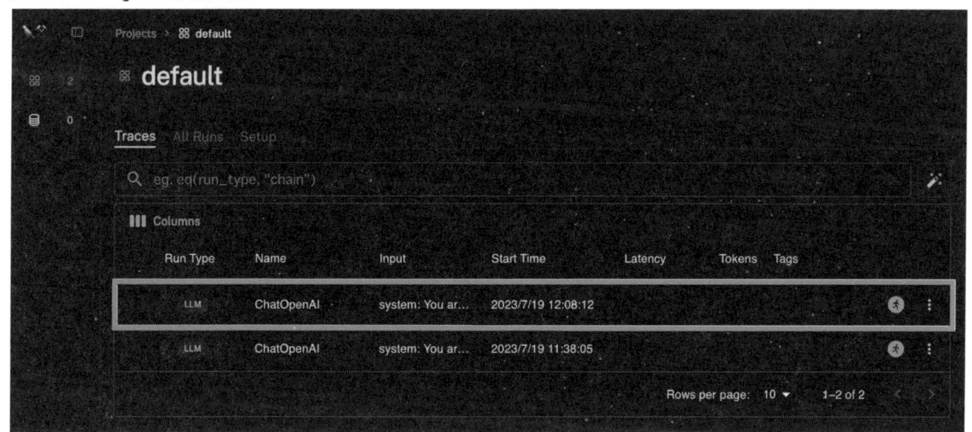

4 実行履歴を見ると、APIの利用履歴や、指定したLLMのパラメータが記録されていることがわかります。

図9.2　実行結果Trace画面

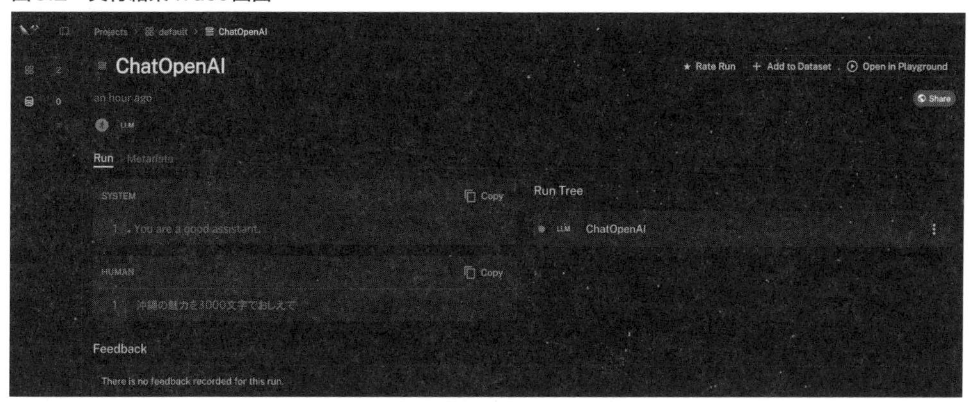

5　Playgroundでは、OpenAIのAPIキーをセットすれば、履歴からパラメータや入力内容を変更して再実行できます。

図9.3　Playground画面

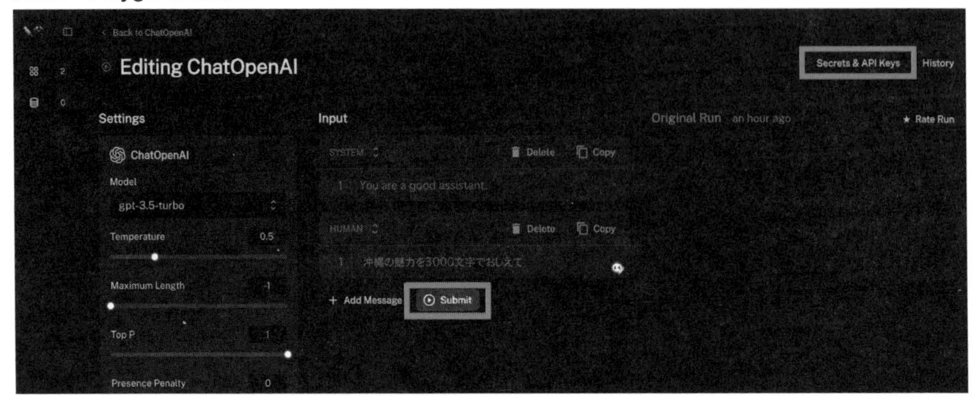

RetrievalQA (Chain) で内部的に取得されたデータをログで追跡したい、PAL Chainで途中で出力されたコードを確認したい、エージェント機能の内部的な分岐の動作履歴を振り返りたい場合など、今までは開発時に標準出力に`print`文で出力したり、`verbose=True`指定で逐一確認したりしていたものが、本番環境でも同様な解像度で安全にデバッグ・調査ができる点がメリットだと思います。定期的に観察してAPMのように、ユーザーの実ワークロードにおける回答品質の確認や、パフォーマンスの統計的な追跡にも役立ちます。

参照：LangSmith-cookbook
https://github.com/langchain-ai/langsmith-cookbook

COLUMN

コンテンツのユースケースによる温度（temperature）の推奨値

実際に応答品質を改善するには、Few-shotプロンプティングなどのプロンプトの工夫を取り入れること（第2章参照）や、応答内容の温度（temperature）を調整するなどの方法が考えられます。OpenAIのフォーラムにおいても、用途に応じて、経験上Chat Completions APIにどの程度のtemperatureに設定するとよさそうかといった投稿がされていたりします。英語/日本語といった言語の違いで適正な値が変わる可能性などありますが、ユースケースによって使い分けるための参考にしてみてください。

参考：API reference

https://community.openai.com/t/cheat-sheet-mastering-temperature-and-top-p-in-chatgpt-api-a-few-tips-and-tricks-on-controlling-the-creativity-deterministic-output-of-prompt-responses/172683

表9.1　ユースケースごとの温度の推奨値(例)

ユースケース	温度	Top_p	説明
コード生成	0.2	0.1	確立されたパターンや慣習に従ったコードを生成することを意図した設定。低めに設定することで出力はより決定論的に集約される。構文的により正しいコードを生成するのに役立つ。
文章作成	0.7	0.8	ストーリーテリングのための創造的で多様なテキストを生成する設定。高めに設定することでアウトプットはより探索的になり、パターン的になることを避ける。
チャットbotの応答	0.5	0.5	一貫性と多様性のバランスのとれた会話応答の生成を意図した設定。アウトプットはより自然かつ回答の多様性としても魅力的になる。
コードのコメント生成	0.3	0.2	簡潔で適切なコードコメントの生成を意図した設定。出力はやや決定論的で、規約を守ることを重視するが、ユーザーの意図に沿ってないときは再生成のバリエーションも確保したい。
データ分析スクリプト	0.2	0.1	より正確で効率的なデータ分析スクリプトの生成を意図した設定。出力はより決定論的に集約される。
探索的なコーディング	0.6	0.7	代替案や創造的なアプローチを模索するコードを生成することを意図した設定。探索的に部分部分でインタラクティブに生成するので、既成のパターンにとらわれない出力をしてもらいたい。

セキュリティ対策について

ChatGPT以前のチャットモデルが不適切な回答をしてシャットダウンに追いやられたり、ChatGPTもプラグインやエージェント、Advanced data analysisなど機能がリッチになるに連れて危険なふるまいをしてしまったりしています。LLMをシステムの機能性として活用していく以上、セキュリティ対策は切っても切り離せないトピックになります。

OWASP Top 10 for Large Language Model Applications

OWASPとはThe OWASP Foundationというアメリカの NPO法人であり、全世界で活動しているITコミュニティです。Webアプリケーションの典型的な脆弱性についてのガイドラインや検査ツールを作成して公開していました。このたび2023年8月1日に生成AIを活用したアプリについてOWASP Top 10 for Large Language Model Applicationsがv1.0として公開されました。

1. **プロンプトインジェクション**
   LLMが意図しない動作を引き起こすプロンプトの上書き
2. **安全でない出力処理**
   LLMの出力をそのままシステムの出力とした場合の危険性
3. **トレーニングデータの汚染**
   セキュリティ、有効性、倫理的ふるまいへの影響
4. **モデルへのDoS**
   大量のトークン消費、レスポンス悪化、コスト高騰
5. **サプライチェーンの脆弱性**
   プラグインや3rdパーティのコンポーネントからの侵害
6. **機密データの漏洩**
   応答で機密データを漏洩する可能性→不正アクセス、プライバシー侵害、セキュリティ侵害
7. **安全でないプラグイン設計**
   プラグインから安全でない入力により脆弱性が悪用される
8. **エージェントの暴走**
   自律的なエージェントが意図しない結果をもたらすアクションを実行する可能性
9. **過度な依存**
   不正確・不適切な生成コンテンツに依存してデマ、法的問題、セキュリティ脆弱性に直面する
10. **モデル泥棒**
   独自モデルへの不正アクセス、流出→経済損失、競争優位性低下

本書ではAPI経由でモデルを利用するため、モデルのバックエンド側でケアすべき項目はスキップして、外部のモデルを利用するアプリケーション構成において着目したい項目をいくつかピックアップします。脆弱性の概要と対策の一部を紹介しますので、詳細は本家サイトで確認してみてください。

参照：OWASP Top 10 for Large Language Model Applications
https://owasp.org/www-project-top-10-for-large-language-model-applications/

1. **プロンプトインジェクション**
   プロンプトインジェクションは攻撃者に細工されたプロンプトを実行させることで、データ漏洩などさまざまな意図しない挙動を引き起こす攻撃です。プログラムの関数のよう

に入力値が制限されているものに比べて、自然言語による指示が可能なLLMに対しては、プロンプト内における指示とユーザーの入力や外部データ部分の確実な分離・指定を、開発者によって担保することができないため、攻撃者の意図を把握してブロックする難易度が高いことが知られています。システムロールに設定したプロンプトを無視してプロンプトを実行させる単純なインジェクションは、筆者（吉田）が確認したかぎりOpenAIのモデルにおいてはすでに対策がされているようで再現できなくなっていました。しかし、Function callingやエージェントのような高機能な能力に対して意図していない挙動を指示できてしまうと、バックエンドやデータベースから機密情報を漏洩してしまう可能性があります。また、任意のサイトから取得した文字列をプロンプトに含めると、意図しない指示が実行されてしまうプロンプトインジェクション攻撃が発生し、被害を及ぼす可能性があります。

参考：Universal and Transferable Adversarial Attacks on Aligned Language Models
https://llm-attacks.org/

2. **安全でない出力処理**
   アプリケーションによる出力処理のなかで、LLMの安全でない出力をサニタイズしないまま利用することで、XSSやCSRFのようなフロントエンドの脆弱性攻撃や、特権昇格、リモートコードの実行などを引き起こす可能性があります。
   プログラムコードではモデルからの出力を受け取ったら、チェックし、出力する際は安全な文字列にエンコードしてサニタイズしましょう。

4. **モデルへのDoS攻撃**
   攻撃者から何らかの方法で大量のリクエストをLLMに投入することで、サービス品質を低下させ、高いリソースコストを負担させる攻撃です。入力コンテンツの長さのチェックや、リクエストのレート制限などをかけ、一定時間内のリクエスト数を制限するなどしましょう。

5. **サプライチェーンの脆弱性**
   LLMのサプライチェーンにはサードパーティから提供される学習データや事前学習済みモデル、デプロイメントプラットフォームや実行環境が含まれますが、これらの一部に脆弱性が混入することで、関連するコンポーネントに悪影響を及ぼす可能性があります。次の項目の「安全でないプラグイン設計」も、このサプライチェーンの一部でもあります。
   従来からある、ソフトウェアとしてのパッケージに含まれる脆弱性による悪影響に加え、たとえばLLMモデルの脆弱性による不適切なコンテンツ出力や、学習データに不適切なコンテンツや機密情報が含まれることによるモデルの汚染など、悪影響が広範囲にわたってしまう可能性があります。サプライチェーン全体において信頼できるサプライヤーのコンポーネントのみを使用したり、その使用時に署名情報をチェックしたり、脆弱性スキャンなどの対策、古いコンポーネントの最新化などの対策を実施しましょう。実際に以前OpenAIにおいて脆弱性のあるPythonライブラリの影響でデータ漏洩事故が起こったり、PyPIの依存関係の連鎖攻撃によるマルウェア混入などの攻撃が起こり、被害が発生したケースがあります。

7. **安全でないプラグイン設計**
   LLMプラグイン、あるいは本書でAPI経由で利用したFunction callingのようなプラグインの仕組みは、指示に合致した関数をモデルが判定して自動的に呼び出される拡張機能です。これらのプラグイン拡張は、入力テキストの検証がされていないまま呼び出されることで悪意あるリクエストを作成してしまう可能性があります。入力コンテンツの検証チェックで有害な動作をする可能性のある呼び出しが行われないようにサニタイズする必要があります。

8. **エージェントの暴走**
   「LLMエージェント」とは、目的の指示に対して外部の実行性を組み合わせて実現するまで処理を順次実行するLLMの拡張機能です。これは強力かつ非常に便利に利用できるため、今後より一層エージェント形式のLLMアプリが提供されることになると想定されます。しかし、コンテンツから指示を推論して実際に実行する権限を有しているため、意図しない動作を引き起こす可能性があります。実行可能な機能性を最小限に制限したり、外部作用する対象の権限(データの取得、編集、削除など)の最小化などの対策を行ったりして、意図した権限以上の動作ができないようにしておきましょう。

これらの課題と対策は上述したとおり、公開されているドキュメントの一部です。ぜひ一度すべての項目について確認してみてください。

LangChainコアの脆弱性排除について

前述のOWASP Top 10 for LLM Appにあった「5. サプライチェーンの脆弱性」のフレームワークが本書においてはLangChainに相当しますが、LangChainはその公開当時からたくさんの実用的な機能や、論文の提案されたコンセプトのPoC実装レベルの機能まで、1つのコアパッケージに取り込まれてきました。2023年7月13日に、作者のHarrison Chaseから、今後LangChainのコアパッケージから実験的な機能のパッケージを分割し、コアからCVE（既知の脆弱性）を取り除くというアナウンスを含む、大々的な移行計画が発表されました。

参考：Some quick, high level thoughts on improvements/changes
https://github.com/langchain-ai/langchain/discussions/7662

今までのLangChainコアを、コアとexperimentalパッケージに分割することで、次の3点を達成しようとしています。

1. langchainコアパッケージからCVE（セキュリティ脆弱性）を取り除く。
2. 実験的なソースコードをコアとexperimentalに明確に区別し、新しいアイデアや論文の実装について、実運用に耐えるコードでなくてもexperimentalに追加しやすくする。
3. langchainコアパッケージの実用性を高めるために軽量化する。

experimentalパッケージに移行された既存機能以外にも、その拡張性として強力すぎるものも移行対象に含まれており、これを除外することでコアパッケージは安全に利用できるようになります。

次が最終的にexperimentalパッケージに移行が予定されていると宣言されているパッケージです。移行状況は随時確認してください[注1]。

- langchain/experimental配下に含まれているもの
- SQL chain
- SQL agent
- CSV agent
- Pandas agent
- Python agent

これらの移行された機能は、experimentalパッケージをインストールすれば今まで同様利用することが可能です。

LangChainを本番環境で利用するにあたって、自分に不要なライブラリもどんどん取り込まれることによるリソース効率の悪さ、脆弱性の残置などが気になっていた人は多いでしょう。逆に論文の概念レベルのものがどんどん取り込まれることで、LLM界隈の知識としてとても勉強になると考える人が多かったのも事実です。これら両方のメリットを享受するための一歩として大きな飛躍と

注1　執筆時点では一部のみ移行されていることを確認しています。

いえます。

アナウンスにもあるとおり、experimentalの分割はその第一弾であり、今後ドキュメントの改善やモジュール性、カスタマイズ性の向上、デバッグのしやすさの向上など、大きな変更がいくつか入っていくことが想定されます。ただ使うだけでなく、それらの作業タイムラインと背景にある考え方を引き続き追っていくことが、より安全に効率的にLangChainを今後も使っていくうえで重要であると思えます。

9.6 個人データ保護の観点

生成AIの機能をサービスとして提供する場合、ユーザーから入力されたプロンプトにより、意図せず個人情報や機密情報を受け取ってしまう可能性があります。現時点では、コスト効率のよい方法でユーザーから入力されるこれらのプロンプト内のデータの種類を判別するのは難しいことが想定されるため、入力されることを前提として、入力データを保存しない工夫や、サービスの運用に必要な最低限の統計情報のみ取得するよう制限し、そういった最低限のデータを取得する旨をユーザーから同意取得することが必要になる可能性があります。また、ユーザーに対しても利用時に都度わかりやすく注意書きを表示するなどの工夫が必要になる可能性があります。これらの対策は、生成AIの普及が急速に進む中で、法改正や、その解釈など、急速に整備が進んでいる分野であるため、つねに最新情報にふれ、必要な対策をご自身で講じる必要があることに注意してください。

ユーザー入力の制限について

個人情報や機密情報の入力のみを厳格に隔離する方法は現段階で現実的でないので、それらの入力を控えてもらいたい場合は「個人情報や機密情報は入力しないでください」といった注意書きをわかりやすい場所に表示することを検討しましょう。

個人情報保護法に定める本人同意と目的内での利用

個人情報の保護に関する法律（通称：個人情報保護法）では、個人情報取扱事業者に対して、収集する個人情報の利用目的を特定し、本人の同意を得る必要があり、その目的達成に必要な範囲を超えて、個人情報を取り扱ってはならないことが定められています。

個人情報の第三者提供については、個人情報の主体者がどの範囲までを許可し、不都合があれば削除を求めることができるという「自己情報コントロール権」の考え方が基本です。これにより「個人情報にあたる情報を特定して」「本人同意を取得する」ことが重要です。

必ず個人情報の保護に関する法律を遵守し、知らなかったでは済まされない事態が起きないようにしましょう。

MEMO

個人情報を勝手に収集しない

個人情報を収集する場合は関連法規を網羅し、有識者を交えた十分なレビューを行いましょう。

参照：個人情報の保護に関する法律

https://elaws.e-gov.go.jp/document?lawid=415AC0000000057

個人情報の保護に関する「決定指向」利益モデルと情報的他律からの自由について

さて、日本の個人情報保護制度の今後の改正の論点となりそうな点として、「決定指向」利益モデルや情報的他律からの自由という考え方による個人の権利利益の保護の見直しに関する提言を見ていきましょう。個人情報保護法の定期的な見直しに向けて、こういった提言が今後盛り込まれてわれわれの対策すべきシステム上の課題も変化する可能性があります。

たとえば一例として、従業員の適性検査のデータに含まれる、性格などの因子をもとに昇進や評価の決定がされたとしたら、本人同意があったところで、業務の適性や成果評価など本来昇進や評価を決定する軸とは関連性のないデータの利用方法による統計的差別を生んでしまう可能性があります。個人情報保護は個人情報の保護ではなく、個人の権利利益の保護の目的であるという法目的の再確認に立ち返って、法目的の理論化と、その理論に基づいた立法的解決を行おうというのがこの提言です。

- 「決定指向」利益モデルについて

  個人データに基づいて自己に対する何らかの決定がなされる際に、その決定に用いられる個人データが評価の目的に対して妥当なものでなければならないという考え方です。

- 情報的他律からの自由について
  個人情報について財産権的モデルである本人同意原則から脱却し、「決定指向」利益モデルに回帰することで、情報自体の保護への着目ではなく、個人データ処理に基づく他者による評価・決定が本人の自己決定を阻害しうることから、本人が防御する権利のことです。

これらの提言が実際に日本の個人情報保護法の改正に反映されるのがいつかはまだ定かではありません。しかし、本来の個人データ保護の観点を鑑みると、個人データを利用した評価内容が、OECD原則で定めるように評価目的に対して妥当なものであるかどうか、またその個人データの主体者本人に対して不利益が生じていないかどうか、プロセス全体の十分な追跡性がシステムに求められることになる可能性があります。興味があれば、今後も動向を注視してみてください。

参照：GLOCOM六本木会議 政策提言・報告書一覧(提言書「デジタル社会を駆動する『個人データ保護法制』に向けて」)

https://roppongi-kaigi.org/report/

9.7 EUが定める禁止AI・ハイリスクAIの取り扱いの動向

2023年6月の欧州議会で、「EU AI Act」という生成AIを含めた包括的なAI規制法案が可決され、早ければ2024年後半には完全施行されるスケジュールになっています。リスクベースアプローチを採用しており、AIによるリスクのレベルに応じて規制内容が異なります。このなかで「許容できないリスク」と判断されるAIの利用は明確に禁止され、「ハイリスクAI」と認められるものには規制が、「限定リスクのあるAI」と認められるものには透明性義務などが課されることになっています。また、GDPR同様、取り扱う個人データの主体者(EU在住者など)によっては域外適用[注2]されるため、対処すべき課題となる可能性があります。

参照：(ニュースリリース) EU AI法：人工知能に関する初の規制

https://www.europarl.europa.eu/news/en/headlines/society/20230601STO93804/eu-ai-act-first-regulation-on-artificial-intelligence

注2　主権の範囲外においてもルールが適用されること。ここではEU在住者にサービス提供する場合に日本に本籍を置く企業においても適用されることを指します。

参照：EU AI Act

https://artificialintelligenceact.eu/

参考：総務省 EUのAI規制法案の概要

https://www.soumu.go.jp/main_content/000826707.pdf

EU AI Actは欧州市場での規制であるため、日本市場において直接影響があるわけではありません。しかし、これに対してもう1つ国際的な動きがあります。欧州評議会は2023年7月にAI条約についての統合版ドラフトを一般公開しました。欧州評議会は日本がオブザーバー国として参加しており、AI条約が成立すれば批准すると想定されます。こちらはまだドラフトであり、採択は2024年を予定しているようです。EU AI Actを参考にする内容が多いと想定され、日本でもAI条約に合わせた法整備が進む可能性が想定されます[注3]。

注3　9.6節と9.7節の情報は2023年7月末時点での情報であり、情報提供のみを目的としています。実際のサービス設計時には法律家などの専門家に必ずご相談ください。

Webアプリ、Slackアプリ開発の環境構築

A.1 AWSのサインアップ

Cloud9や、Lambdaを使うためのAWSのサインアップは、以下の公式ドキュメントを参照して実行してください。

参照：AWSアカウント作成の流れ

https://aws.amazon.com/jp/register-flow/

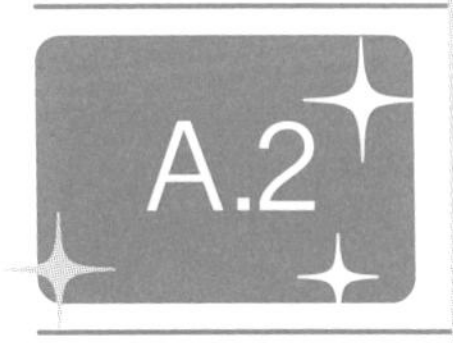

A.2 Cloud9の環境作成

AWS Cloud9コンソールにアクセスします。東京リージョンを選択しておきます。

図A.1　AWS Cloud9コンソール画面

画面右上の「環境を作成」を押下して、新規で環境を作成します。

- 名前は適当でよいです。例）slackapp-openai
- 環境タイプ：新しいEC2インスタンス
- インスタンスタイプ：t2.microを選択します。
- プラットフォーム：Amazon Linux 2を選択します。
- タイムアウト：30分を選択します。
- ネットワーク設定 > 接続：AWS System Managerを選択します。

図A.2　新規環境作成画面

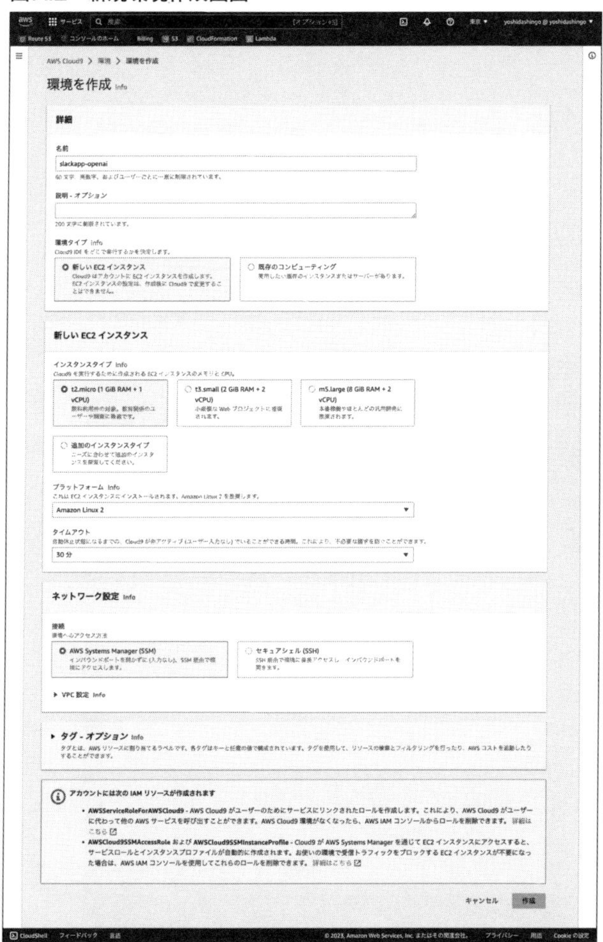

「Cloud9 IDE」列から新しく作成した環境の「開く」を押下してCloud9 IDEを開きます。

図A.3　Cloud9環境一覧画面

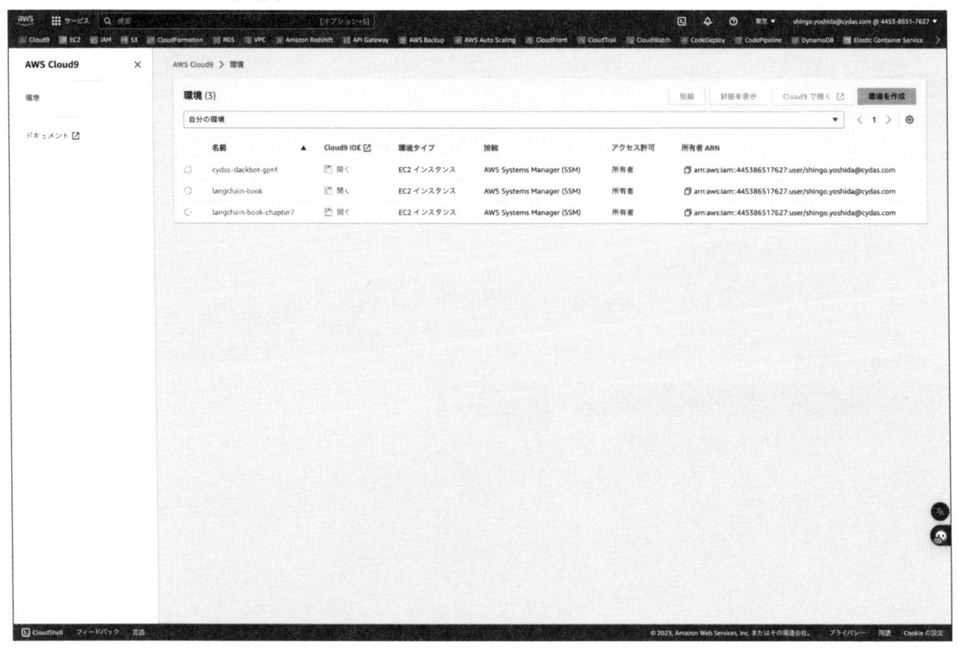

図A.4　Cloud9 IDE ホーム画面

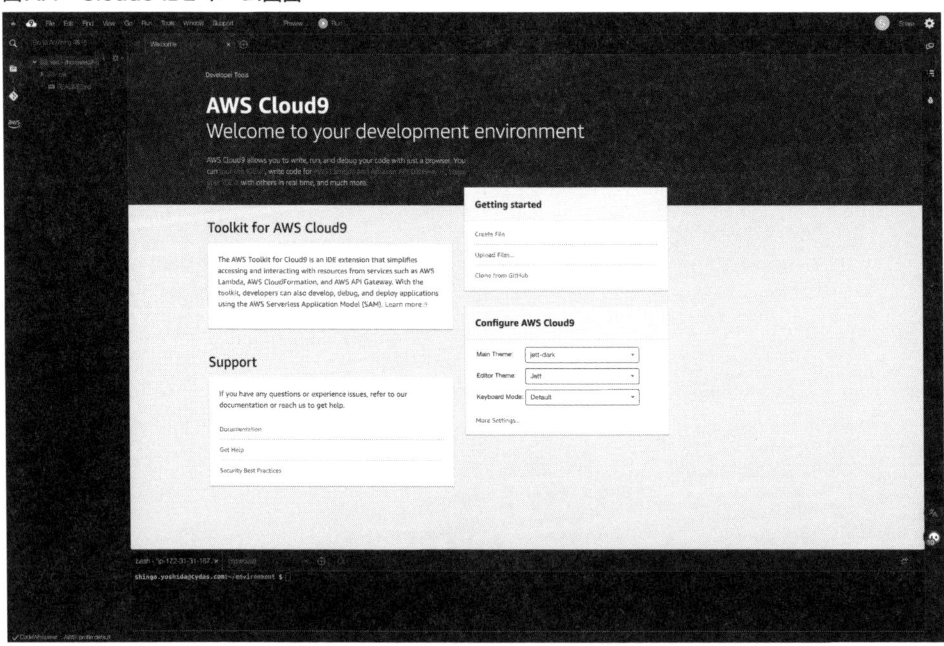

Cloud9の料金説明

Cloud9自体の利用料金は無料です。ただし、今回のようにCloud9をホストする仮想サーバーとしてEC2を利用する場合にEC2の利用料金がかかります。

Cloud9をホストするサーバーとして、SSHで接続が可能な仮想サーバーをあらかじめ別に用意しておくことも可能です。

Cloud9とGitHubの連携

ここでは、Cloud9からGitHubにSSHで接続する手順を説明していきます。なお、設定手順についてはGitHubの公式ドキュメントの次のページでも解説されています。

参照：新しいSSHキーを生成する

https://docs.github.com/ja/authentication/connecting-to-github-with-ssh/generating-a-new-ssh-key-and-adding-it-to-the-ssh-agent#generating-a-new-ssh-key

GitHubとのSSHの設定

以下のコマンドでSSHのキーペアを作成してください。-Cオプションで指定するコメントとしては、ご自身のメールアドレスなどを設定してください。

```
ssh-keygen -t ed25519 -C "your_email@example.com"
```

以下のコマンドで、作成した公開鍵の内容を表示してください。

```
cat ~/.ssh/id_ed25519.pub
```

続いて、GitHubに公開鍵を設定します。

1. GitHubで、右上のアイコンをクリックし、「Settings」を選択して設定画面に遷移
2. 「SSH and PGP keys」の箇所から「New SSH Key」として、公開鍵を登録する画面に遷移
3. cloud9-langchain-bookのような名前で、Keyの箇所にはコピーした公開鍵の内容を貼り

付けて登録

Cloud9からGitHubに疎通確認します。以下のコマンドを実行してください。

```
ssh -T git@github.com
```

このとき表示されるフィンガープリントについては、以下のGitHubのWebページに記載のとおりであることを確認してください。

参照：GitHubのSSHキーフィンガープリント

https://docs.github.com/ja/authentication/keeping-your-account-and-data-secure/githubs-ssh-key-fingerprints

最終的に以下のように表示されれば、Cloud9からGitHubにSSHで接続できています。

```
Hi <GitHubのユーザー名>! You've successfully authenticated, but GitHub does not provide shell access.
```

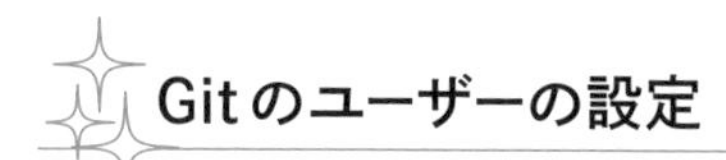

Gitのユーザーの設定

Gitのユーザーの設定をします（しなくてもよいですが、しないとcommit時にWARNINGが出ます）。

```
git config --global user.email <メールアドレス>
git config --global user.name <ユーザー名>
```

なお、ここで設定するメールアドレスはGitHubで公開されます。メールアドレスを非公開にしたい場合は、GitHubの以下のページを参考にしてください。

参照：コミットメールアドレスを設定する

https://docs.github.com/ja/account-and-profile/setting-up-and-managing-your-personal-account-on-github/managing-email-preferences/setting-your-commit-email-address

GitHubでリポジトリを作成してクローン

リポジトリを作成します。

- リポジトリ名：langchain-book
- その他はデフォルトでOK

```
git clone git@github.com:<GitHubのユーザー名>/langchain-book.git注1
cd langchain-book
```

あとはgit add・git commit・git pushといった操作が通常どおりできます。

付録

注1　このコマンドは「langchain-book」という名前のリポジトリを作成した場合の例です。リポジトリ名が異なる場合は、「langchain-book」の箇所を作成したリポジトリ名に置き換えてください。

A.4 Cloud9上のPythonの環境構築

ここでは、Cloud9に本書で使用するPython3.10をインストールする手順を解説します。Pythonの特定バージョンをインストールする有名なツールとして、pyenv（https://github.com/pyenv/pyenv）があります。本書では、pyenvを使用してCloud9にPython3.10をインストールします。

pyenvのインストール

Cloud9のターミナルを開きます。
以下のコマンドでpyenvをインストールしてください。

```
curl https://pyenv.run | bash
```

以下のコマンドで~/.bashrcにpyenvを使用するための設定を追加してください。

```
echo 'export PYENV_ROOT="$HOME/.pyenv"' >> ~/.bashrc
echo 'command -v pyenv >/dev/null || export PATH="$PYENV_ROOT/bin:$PATH"' \
  >> ~/.bashrc
echo 'eval "$(pyenv init -)"' >> ~/.bashrc
```

以下のコマンドでシェルを起動し直してください。

```
exec "$SHELL"
```

以下のコマンドでpyenvがインストールできたことを確認してください。

```
pyenv --version
```

Python3.10のインストール

本書の手順で用意したCloud9環境にPython3.10をインストールするには、OSのパッケージのインストールが必要です。以下のコマンドを実行してください。

```
sudo yum remove -y openssl-devel
sudo yum install -y openssl11-devel bzip2-devel xz-devel
```

続いて、pyenvでPython3.10をインストールするため、以下のコマンドを実行してください（少し時間がかかります）。

```
pyenv install 3.10
```

Python3.10を使うための手順

pyenvを使ってPython3.10を使う設定を進めます。まずはプロジェクトのディレクトリに移動します。

```
cd <プロジェクトのディレクトリ>
```

続いて、このディレクトリ以下で使うPythonのバージョンを3.10と指定するため、以下のコマンドを実行してください。

```
pyenv local 3.10
```

このコマンドによって、.python-versionというファイルが作成されます。pyenvを使用している場合、.python-versionファイルがあると、そのディレクトリ以下ではそのファイルに書かれたバージョンのPythonが使われるようになります。

仮想環境について

Pythonの開発では、複数プロジェクトでインストールするパッケージのバージョンが競合しないよう「仮想環境」を使用するのが一般的です。ここで、仮想環境の使い方を説明します。

まず、以下のコマンドで仮想環境を作成してください。

```
python -m venv .venv
```

続いて、以下のコマンドで仮想環境を有効化してください。

```
. .venv/bin/activate
```

すると、ターミナルの表示が以下のようになり、仮想環境を使用している状態になります。

```
(.venv) myuser:~/environment/langchain-book (main) $
```

以下のコマンドを実行すると、仮想環境の使用を終了することができます（ターミナルを開き直しても仮想環境は終了します）。

```
deactivate
```

A.5 Momentoのサインアップ

MomentoのWebページにアクセスします。

参照：Momento

https://www.gomomento.com/

図A.5 Momento TOPページ

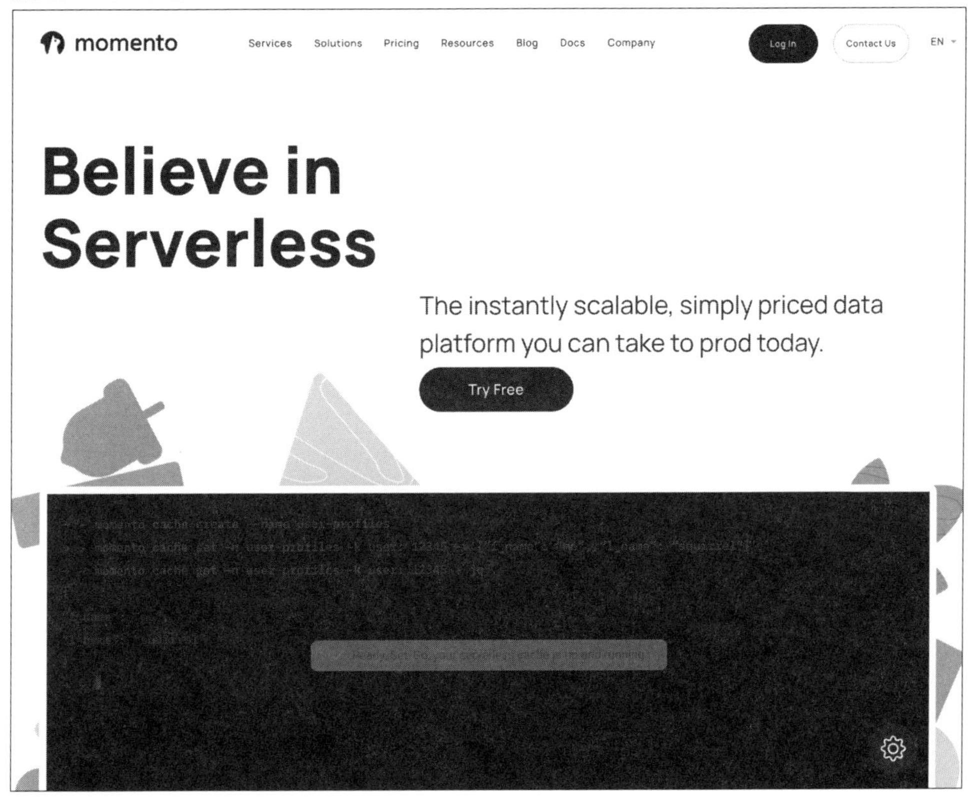

「Try Free」をクリックしてサインアップします。

- GoogleやGitHubなどの外部IdPを使うか、メールアドレスでサインアップします。
- メールアドレスを入力する場合は、Momentoから認証コードがメール送付されてくるので、それを使ってサインアップします。

左パネル「キャッシュリスト」を選択してキャッシュ(コレクション)を作成します。

- キャッシュ名とキャッシュをホストするクラウドプロバイダーおよびリージョンを選択します。
- 本書では第7章でAWS東京リージョンのLambdaを使うことからクラウドプロバイダーとして「AWS」、リージョンとして「ap-northeast-1」を選択します。

図A.6　新規キャッシュ作成画面

左パネル「トークンの作成」を選択してトークンを作成します。

- 先ほど作成したキャッシュを利用できるAPIトークンを作成したいので、クラウドプロバイダー「AWS」リージョン「ap-northeast-1」を選択します。
- Type of tokenはこの選択したプロバイダー+リージョンの範囲ですべてのサービスのすべての操作が可能な「Super User Token」と、「サービス」「キャッシュ」「Role Type(利用可能な操作)」を指定する「Fine-Grained Access Token」の2種類です。本書では「Super User Token」を選択します。
- 「トークンを生成する」を押下して、トークンを生成します。

図A.7　新規トークン作成画面

最後に「JSONをダウンロード」を押下して、トークンを手元に保存します[注2]。

注2　本来であれば「Fine-Grained Access Token」でトークンを発行するほうが望ましいですが、執筆時点（2023年7月22日）で一部の操作でうまく動作しなかったためにSuper User Tokenを使用しています。

図A.8　新規トークン作成画面

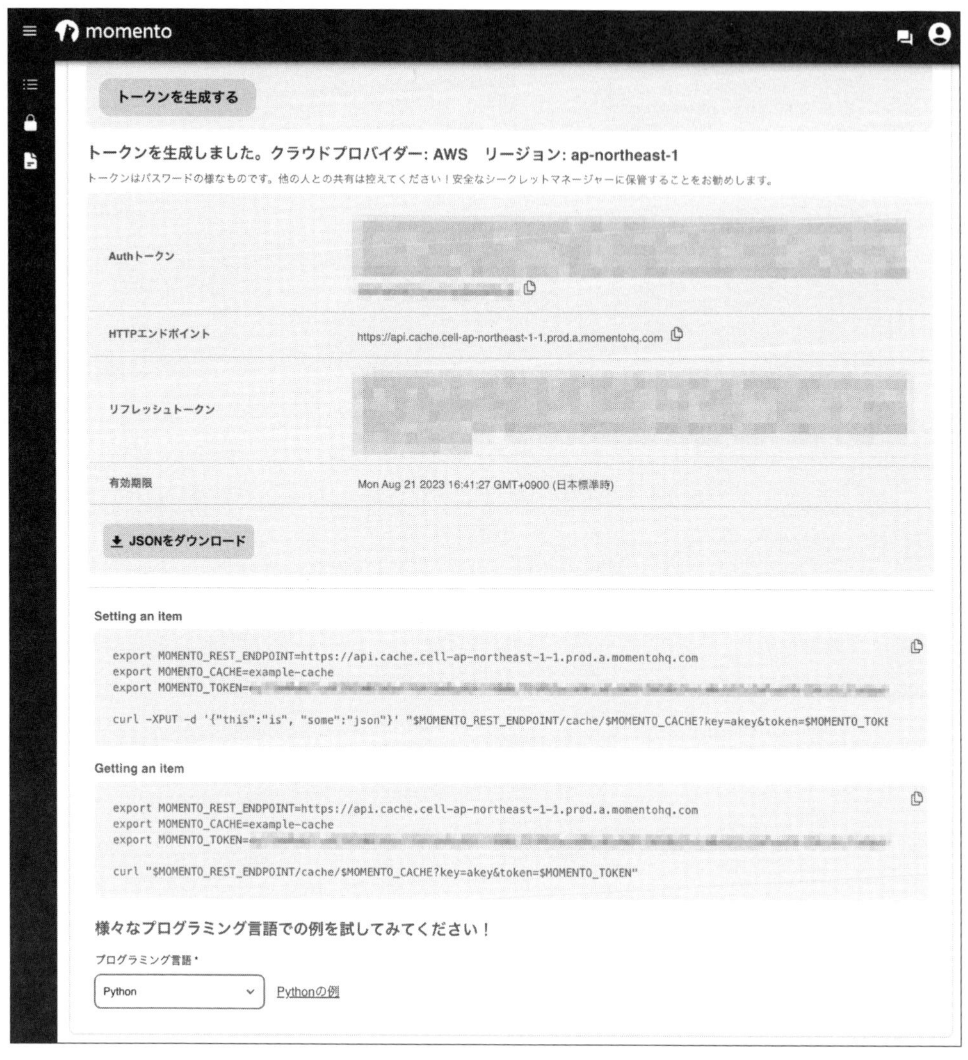

※この画面は新規トークン作成後に1回しか表示されないので、安全に保管しましょう。

索引

A

Advanced data analysis 14
Agent 143
Agents 110
AIMessage 79
APIキー 51
App-Level Token 166
AWS 244
AWS Lambda 156, 175, 188
AWS公式ガイド 203

B

Bash 111
Bot Token Scopes画面 164

C

Callback 76
CallbackHandler 77
Callbackハンドラークラス 176
Chain of Thought 38
chain_type 108
Chainlit 128
Chains 86
chainの内部の動き 91
CharacterTextSplitter 102, 212
Chat Completions API 43, 55, 119, 126, 141, 174
Chat Completions APIの料金 44
Chat models 75, 95
chat.update処理 183
Chat2Query 19
ChatGPT Plus 12, 143
ChatOpenAI 75
ChatOpenAIクラス 176
ChatPromptTemplate 79
Chroma 104
Cloud9 .... 127, 130, 134, 140, 157, 168, 200, 210, 244
Code Interpreter 14
Completions API 42, 59
condense_question_llm 220
context 32
ConversationalRetrievalChain 219
ConversationBufferMemory 92, 145
ConversationChain 92
CoT 38
cot_summarize_chain 89
create_agent_chain関数 145
CYDAS PEOPLE Copilot Chat 18

D

Data connection 98
ddg-search 143
Document loaders 100
Document transformers 100
DuckDuckGo 118, 126, 143

E

EC2 127
EC2インスタンスの管理 201
Embeddings 211
Embeddings API 99, 194
Evaluation 123
Event Subscriptions 171
Example selectors 80

experimentalパッケージ 237
Extraction 121

F

Few-shotプロンプティング 36, 80
Free Trial 45
Function calling 60, 117, 119
function_call 65

G

Generative Agents 23
GitHub 22, 116, 134, 148, 157, 247
GitHubリポジトリ 130
Google Colab 49, 111
Gradio 128
GTP-4 13

H

Hallucination 98
handle_mention関数 179, 214
handler関数 182
helloGPT 19
HumanMessage 79
HyDE 23

I

ICL 36
In-context Learning 36
initialize_agent 143

J

JDLA 12, 225
JSON 26, 65, 81

L

LangChain 22, 71, 117, 126
langchainモジュール 147
langchain_experimental 74
LangChainのインストール 73
LangChainのモジュール 71
Language model 86
Language models 74, 220
large Language Model 17
Lazyリスナー 180
LlamanIndex 71
LLM 17, 26, 60
LLMChain 86
LLMs 74

M

Main file path 150
map_reduce 108
map_rerank 108
Memory 92
Memoryの保存先 94
Memoryの例 94
Moderation API 226
Momento 253
Momento Cache 178
Momento Topics 178

O

Oauth&Permissions画面 165
openai 147
OpenAI Function Agent 117
OpenAI Multi Functions Agent 118
OPENAI_API_KEY 54
OpenAIEmbeddings 103
OpenAIのライブラリ 55
Output parsers 81

OutputParser....86, 121
OWASP....233

P

Pinecone....195, 206, 210, 214
Pinecone-client....210
Plugins....13
Prompt Engineering Guide....34
PromptTemplate....78, 83, 86
PydanticOutputParser....82
pyenv....250
Python....250
Pythonオブジェクト....81
Python環境....133
Pythonの関数....115

R

RAG....98, 192
RAGワークフロー....192
RateLimittedError....183
ReACT....23, 112
refine....108
requirements.txt....210
Retrieval Augmented Generation....98, 192
RetrievalQA....106, 214, 232
Retrievers....100, 104

S

Serverless Framework....157, 186
serverless.ymlファイル....187
SimpleSequentialChain....88
Slack....162
Slack Block Kit....184
Slack Bolt....168
Slack Bolt for Python....169
SLACK_SIGNING_SECRET....163
SlackRequestHandler....181
Slack投稿....184
Socket Mode....169, 188, 200
SORACOM Harvest Data Intelligence....20
SSH....247
st-chat....128
StreamingStdOutCallbackHandler....77
Streamlit....128, 134, 137, 139
Streamlit Community Cloud....126, 147, 149, 152
StreamlitCallbackHandler....144
streamlit-chat....128
SystemMessage....79

T

Tagging....121
temperature....75, 141, 232
terminal....111
Text embedding models....100, 103
tiktoken....47, 103, 210
Tokenizer....47
Toolkits....116
Tools....115

U

UnstructuredPDFLoader....212

V

Vector stores....100, 104

W

WebPilot....13
Webアプリ....126, 137
Wikipedia....143

Z

Zero-shot Chain of Thoughtプロンプティング...37
Zero-shot CoT............37, 88
zero-shot-react-description............110
Zero-shotプロンプティング............35

あ

安全でない出力処理............235
安全でないプラグイン設計............236

い

イベント............171

う

埋め込み表現............194, 211

え

エージェントの暴走............236
エグゼクティブスポンサーシップ............227

か

回答の正確性............226
開発環境............161, 200
外部サービス............226
会話履歴............56, 139, 145, 177, 216
仮想環境............161, 251
環境設定............161
環境変数............211, 230

き

機密情報............148
禁止AI............240

く

クラウド型統合開発環境............127
クラウドサービス............11, 23

け

幻覚............10
権利侵害............225

こ

個人情報保護法............238
個人情報保護ポリシー............11
個人データ............238
コンテキストブロック............184

さ

サーバーレス............23
サーバーレスアーキテクチャ............156
最新動向............224
サプライチェーンの脆弱性............235
サンプルデータ............205

し

出力形式............33
情報源............100

す

スコープ............172
ステップバイステップ............37, 88
ストリーミング............57, 76, 175
スナップショット............42
スレッド............173

せ

脆弱性排除……236
生成AI……224
生成AIの利用ガイドライン……12, 225
性能監視……230
セキュリティ対策……233

そ

ソース……100
ソケットモード……166, 168
ソフトリミット……46

た

ターミナル……137
大規模言語モデル……17
タスク……35

ち

チャット……136
チャンク……102
重複登録……212

て

ディスクスペース……201
テキストのベクトル化……100
デザインパターン……35
デプロイ……149, 152, 186
テンプレート化……31

と

トークン……46
トークン数……44
ドキュメント……102

に

日本語のトークン数……48
日本ディープラーニング協会……12, 205
入力データ……32
認証なし……190

ね

ネガポジ判定……35

は

ハイリスクAI……240
パッケージ管理ツール……213
パラメータ……58
ハルシネーション……10, 98
ハンドラー関数……181

ひ

評価方法……229

ふ

ファインチューニング……28, 192
フレームワーク・ライブラリ……71
プログラミング……8
プロジェクトリスク……227
プロンプト……3
プロンプトインジェクション……234
プロンプトエンジニアリング……26, 28
プロンプトの構成要素……30
プロンプトのテンプレート化……31
文書生成モデル……41
文脈……32

へ

ベクターデータベース 195, 206, 210
ベクトル化 103
ベクトルデータ 212

ほ

「法的指向」利益モデル 239

め

命令 32
メンション 173

も

モジュール 74
モデル 40
モデルファミリー 41
モデルへのDoS攻撃 235

ゆ

ユーザー入力の制限 238
ユースケース 70, 91
有料プラン 12

り

リクエストヘッダ 182
リスクアセスメント 228
リスナー関数 172
リトライ処理 177
リポジトリ 161, 249
リポジトリルート 170
利用規約 11
履歴処理 178

れ

レシピ生成AIアプリ 30
レビュープロセス 11

ろ

ローカル環境 215
ローンチカスタマー 228

カバーデザイン　トップスタジオデザイン室（轟木 亜紀子）
本文設計　マップス　石田 昌治
本文設計　トップスタジオデザイン室（轟木 亜紀子）
編集・組版　トップスタジオ
担当　細谷 謙吾

■お問い合わせについて

本書の内容に関するご質問につきましては、下記の宛先までFAXまたは書面にてお送りいただくか、弊社ホームページの該当書籍コーナーからお願いいたします。お電話によるご質問、および本書に記載されている内容以外のご質問には、いっさいお答えできません。あらかじめご了承ください。

また、ご質問の際には「書籍名」と「該当ページ番号」、「お客様のパソコンなどの動作環境」、「お名前とご連絡先」を明記してください。

お問い合わせ先
〒162-0846　東京都新宿区市谷左内町21-13
株式会社技術評論社　第5編集部
「ChatGPT/LangChainによるチャットシステム構築［実践］入門」質問係
FAX：03-3513-6173

● **技術評論社Webサイト**
https://gihyo.jp/book/2023/978-4-297-13839-4

お送りいただきましたご質問には、できる限り迅速にお答えするよう努力しておりますが、ご質問の内容によってはお答えするまでに、お時間をいただくこともございます。回答の期日をご指定いただいても、ご希望にお応えできかねる場合もありますので、あらかじめご了承ください。

なお、ご質問の際に記載いただいた個人情報は質問の返答以外の目的には使用いたしません。また、質問の返答後は速やかに破棄させていただきます。

ChatGPT/LangChainによる チャットシステム構築［実践］入門

2023年10月31日　初版　第1刷発行
2023年12月19日　初版　第3刷発行

著　者　吉田真吾、大嶋勇樹
発行者　片岡 巌
発行所　株式会社技術評論社
東京都新宿区市谷左内町21-13
電話　03-3513-6150　販売促進部
03-3513-6177　第５編集部
印刷／製本　昭和情報プロセス株式会社

ISBN978-4-297-13839-4　C3055
Printed in Japan